第1部 實驗輕型直升機(LHX)計劃

U0059876

Chapter 1
第一章 新時代的戰場直升機需求

二〇一一年十二月十三日，最後一架F-22量產機離開了洛馬公司位於喬治亞州的組裝線，這不僅代表這款戰機量產計劃的終止，也意味著美國三軍於一九八〇年代中期展開的三大新型戰術作戰飛機計劃，至此終於宣告結束。

為因應一九九〇年代到二十一世紀初期的需求，美國空軍、海軍與陸軍在一九八〇年代中期先後啟動了先進戰術戰機（Advanced Tactical Fighter, ATF）、先進戰術飛機（Advanced Tactical Aircraft, ATA）與實驗輕型直升機（Light Helicopter Experimental, LHX）等三項計劃，意圖更新既有的空軍空優戰機與長程阻絕打擊轟炸機、海軍艦載重型攻擊機，以及陸軍的輕型偵搜攻擊直升機。

除了引進新一代的航空電子、氣動力與發動機技術外，這三項計劃還有一個共通點——都將匿蹤（Stealth）列為核心設計需求，這也讓從這三項計劃誕生的F-22猛禽（Raptor）戰機、A-12復仇者II式（Avenger II）攻擊機與RAH-66卡曼契（Comanche）直升機等三款機型，繼帶有探索意味的F-117、B-2等早先一代匿蹤飛機後，成為匿蹤技術普遍應用的代表。

不過由於適逢冷戰結束所帶來的戰略環境變化，加上開發過程中出現的技術困難與費用高漲問題，這三項代表性的匿蹤航空主戰武器計劃，最後只有在先進戰術戰機計劃下發展的F-22得以進入量產階段，但即使如此，服役時間也較最初規劃大幅推遲了十年，產量更縮減到只剩原始規劃的四分之一（註一）。先進戰術飛機計劃則在耗費了七年時間與將近五十億美元研發經費後，於一九九一年一月取消，此時甚至尚未完成A-12原型機的建造。

註一：美國空軍於一九八五年十月發出先進戰術戰機計劃展示與驗證階段（Dem/Val）階段邀標書時，定出的達到初始作戰能力（IOC）時間是一九九五年，預期的產量為七百五十架，單位飛離成本設定為三千五百萬美元（一九八六財年幣值）。但實際上F-22一直拖到二〇〇五年十二月才達到初始作戰能力，產量也降到一百八十七架，單位飛離成本則攀升到一億五千萬美元（二〇〇九財年幣值）。

美軍最後一種全新設計直升機

最可惜的，還是本文的主角RAH-66戰鬥偵搜直升機，美國陸軍自一九八二年啟動LHX計劃後，在接下來的二十多年堅持推動這個計劃，依序於一九八八年六月展開開發競標、一九九一年四月完成選商，並成功在一九九六年一月完成RAH-66原型機首飛，稍後又於二〇〇〇年六月進入工程製造發展（Engineering and Manufacturing Development, EMD）階段，承包商波音—塞科斯基則於二〇〇三年初開始組裝五架工程製造發展原型機。

但這項計劃雖然成功熬過了雷根、布希與柯林頓三任政權內種種撙節國防開支舉措的打擊，美國陸軍也多次重組計劃、力圖維持計劃的存續，最後還是因為遭受九一一事件造成的美國戰略重心轉移、耗資龐大的全球反恐戰爭，以及無人飛行載具（UAV）應用的擴展等衝擊，在耗費十六年研發時間與將近八十億美元經費後，

■ 由於冷戰終結帶來的戰略環境改變，美軍於一九八〇年代中期啟動的ATF、ATA與LHX三大匿蹤主戰航空武器計劃，最後只有從ATF計劃開發出的F-22得以投入量產服役，ATA計劃發展的A-12與LHX計劃發展的RAH-66，都先後遭到取消。照片由上到下分別為F-22的概念原型機YF-22、A-12的全尺寸模型，以及YRAH-66的一號原型機。

仍於二〇〇四年二月二十三日遭到終止。

自RAH-66取消後，由於美軍作戰型態的改變，加上預算的制約，包括美國陸軍在內，美軍再也沒有開發或引進過任何全新設計的直升機，只剩下對既有機型的更新升級（如AH-64DE系列）、或以既有機型為基礎所發展的新衍生型（如UH-1Y、AH-1Z、UH-60M、MH-60R/S、CH-53K、ARH-70、UH-72等），這也讓RAH-66成為近二十年來，美軍發展的最後一種全新構型直升機。因此RAH-66的發展歷程，也是美國陸軍航空力量從冷戰時代過渡到後冷戰時代，轉型過程的一個縮影。

卡曼契的起源——「空陸戰」與新型直升機需求

時間拉回到一九八〇年代初期，隨著美國陸軍實施新的「空陸戰」（Airland battle）野戰準則，也讓美國陸軍航空隊經歷了一次深刻的轉型。相較於過去的作戰準則，「空陸戰」特別強調縱深作戰、機動性、敏捷與運動，以因應蘇聯的多梯次縱深裝甲突擊作戰，而憑藉著可跨越地形阻隔的空中機動力與打擊能力，陸軍航空隊在「空陸戰」中將扮演關鍵性的角色。

當時美國陸軍航空隊的主力，是由越戰時代留下來的大量OH-58奇歐瓦（Kiowa）、OH-6小馬（Cayuse）、AH-1眼鏡蛇（Cobra）與UH-1休伊（Huey）等輕型、中型直升機，搭配CH-47契努克（Chinook）、CH-54塔赫（Tarhe）等重型直升機所構成，但這些一九五〇至一九六〇年代發展的舊式機型，在飛行性能、生存性或是任務裝備方面，能否充份因應一九八〇年代空陸戰準則的需要，顯然存在許多疑慮。

當時美國陸軍航空隊雖然已經開始接收兩種新型直升機——AH-64A阿帕契（Apache）攻擊直升機與UH-60A黑鷹（Black Hawk）通用直升機，但只能替換掉一部份眼鏡蛇與休伊，無法完全滿足陸軍的任務需求。於是一些資深陸軍航空隊軍官便認為，必須在阿帕契與黑鷹之外，另行針對「空陸戰」準則需求，量身打造開發新的直升機，以彌補既有裝備的不足。

■ 美國陸軍從一九八〇年代初期開始實施新的「空陸戰」作戰準則，為配合新的「空陸戰」準則，也制訂了新的裝備發展計劃，以更新那些無法滿足新條令需求的過時裝備，於是LHX計劃便應運而生。

既有直升機隊的不足

為檢討陸軍航空隊在新作戰環境下的適應性，美國陸軍於一九八一年啟動一項《陸軍航空任務領域分析》（Army Aviation Mission Area Analysis, AAMAA）研究案，探討以執行空陸戰準則為基準的一九八〇年代中期美軍，在歐洲戰場對抗預想中一九九〇年代華沙公約組織部隊的能力，藉以確認陸軍在航空任務領域的準則、組織、訓練與裝備等面向，所存在的不足。

在一九八二年完成的陸軍航空任務領域分析研究顯示，美國陸軍既有的輕型直升機機隊，是當前陸軍航空隊最大問題所在。研究報告一共列出了陸軍現役輕型直升機機隊七十七項主要缺陷，與兩百六十項不足，考慮到輕型機佔了當時陸軍航空隊直升機總數百分之八十，這顯然是個必須立刻著手解決的問題。這些缺陷與不足主要有：

◆機體的技術與採行的戰術，已是三十年前發展的過時型式。

◆僅有少許，或完全沒有夜間與惡劣天候作業能力。

◆可支援性（Supportable）只達到最低限度的要求。

◆酬載能力極低（指OH-6與OH-58等斥候直升機）。

◆沒有空對空作戰能力。

◆沒有自力部署能力（指僅依靠自身航程跨越戰區部署）。

◆不具備適應未來戰場的生存性。

一九八二年三月，美國陸軍高層在陸軍航空系統計劃審查（Army Aviation Systems Program Review, AASPR）中，認可了航空任務領域分析研究報告的結論。對於研究報告中所發現的問題，陸軍則在「航空系統計劃審查」中嘗試以既有的作戰準則與標準裝備獲得程序為基礎，針對一九九〇年代中期的威脅，尋找成本最低、效率最高的可行解決方案。至於無法透過調整、改進既有戰術、訓練或裝備而得到修正的問題，則決定引進新裝備來解決。

■ 到了一九八〇年代初期，美國陸軍航空隊現役的輕型直升機已經老態畢現，難以因應新的「空陸戰」準則需要，於是美國陸軍展開了LHX計劃，企圖發展新直升機替換OH-6、OH-58、AH-1與UH-1等四種舊式機型。照片為美國陸軍在一九六〇年代中期引進的兩種輕型觀測直升機，上為OH-6A，下為OH-58A。

新型直升機的需求

《陸軍航空任務領域分析》研究報告建議，美國陸軍應立即著手發展新的輕型斥候、攻擊與通用直升機，以便在一九九五年以前替換OH-58、OH-6、AH-1與UH-1等四種現役舊式機型。這項暫時稱為實驗輕型直升機（LHX）的新型直升機規劃案，預計發展包含兩種機型所組成的直升機家族，一種是武裝斥候／偵查與攻擊型（Scout/Reconnaissance and Attack, SCAT），另一種是通用／觀測型（Utility/Observation），兩種機型將具備相當程度的共通性，預定採用相同的動力單元、核心任務裝備與次系統。

其中武裝斥候／偵查與攻擊型（CSCAT）將用於取代OH-58、OH-6與AH-1，通用／觀測型則用於取代UH-1系列，預期分別需要兩千五百架與兩千架（美國陸軍更早時候發佈的LHX規劃，還提出了更高的需求數字估計，包括通用／觀測型至少需要兩千架，用於取代UH-1；武裝斥候／偵查與攻擊型則需要兩千九百架，其中一千一百架用於取代AH-1，另一千八百架則用於替代OH-58與OH-6）。

UH-1
AH-1
OH-58
OH-6

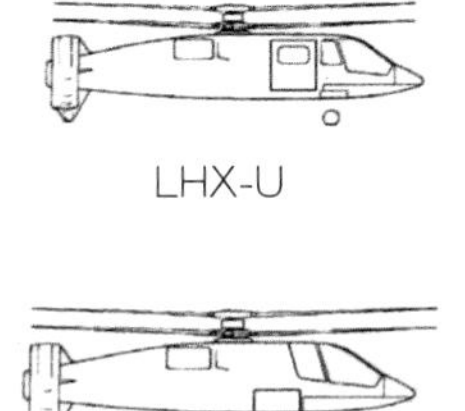

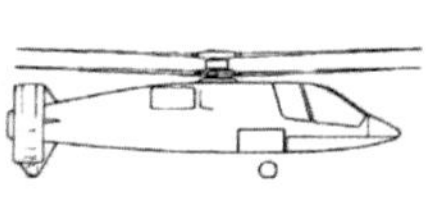

LHX-SCAT Scout

■ LHX計劃的基本需求設定，將發展用於通用運輸的LHX通用型（LHX-U），以及偵搜／火力支援用的LHX武裝斥候／偵查與攻擊型（LHX-SCAT），藉以替換UH-1、AH-1、OH-58與OH-6等四種機型。

■ LHX計劃設定的目標相當宏大，不僅將發展用於替換OH-6、OH-58與AH-1的斥候／攻擊直升機，也將發展用於UH-1的輕型通用直升機，總需求量超過四千架。照片為UH-1與OH-6，都是越戰時代的主力機型，難以因應一九九〇年代以後的需求，將由LHX計劃中發展的新機型接替。

兩種LHX直升機將與另外三款較新的機型搭配——即AH-64、UH-60，以及剛在前一年（一九八一）九月啟動的陸軍直升機改進計劃（Army Helicopter Improvement Program, AHIP）中，所發展的改進型OH-58（即後來的OH-58D），共同構成美國陸軍航空隊一九九〇年代後期到二十一世紀初期的核心力量。

實驗輕型直升機（LHX）計劃啟動

基於陸軍航空任務領域分析研究報告的建議，美國陸軍從航空研究發展司令部、陸軍航空中心（United States Army Aviation Center, USAAVNC）、飛彈司令部、軍械司令部、訓練與準則司令部（Training and Doctrine Command, TRADOC）與陸軍資材司令部（Army Materiel Command, AMC）等六個單位，抽調人力於一九八三年一月組建了LHX特別工作小組（Special Workgroup），負責為LHX計劃制定基本框架。

這個小組在評估了許多可望用於支援LHX計劃的關鍵技術後，向陸軍部提交了一份《新展開一項主要系統的正當性》（Justification for a Major System New Start, JMSNS）報告，隨即獲得批准、並被列入美國陸軍一九八五財年的計劃目標備忘錄（Program Objective Memorandum, POM）中。

藉由批准JMSNS報告，美國陸軍表達了發展一種可應用於未來空陸戰環境，擁有高速、高機動性的輕型垂直起降飛機需求。國防部副部長則於一九八三年十二月二十九日簽署了計劃預算決策（Program Budget Decision, PBD），認可了陸軍的LHX計劃。於是位於聖路易的陸軍航空研究發展司令部隨即成立了一個專責的LHX計劃辦公室，正式展開了LHX計劃。

概念探索階段

按照美軍規定的大型武器系統獲得程序，LHX計劃啟動後隨即進入「階段0」的概念探索與定義（Concept Exploration and Definition，CE/D）階段，準備開始預備設計（Preliminary Design, PD）研究。

所謂的「預備設計」，是由一連串的降低技術風險（technology risk-reduction）程序所組成，也就是藉由評估各式各樣既有與潛在先進技術的應用可行性，進而確認LHX計劃的作戰需求與技術規格。

具體工作則分為機體構型、座艙整合與航電等三個方面，陸軍將就這三個領域分別尋找合適的承包商簽訂研究合約。這個階段的選商與評估工作，主要由位於維吉尼亞尤斯蒂斯堡（Fort Eustis）的應用技術實驗室（Applied Technology Laboratory, ATL）負責。

預備設計研究

應用技術實驗室（ATL）於一九八三年九月十五日，將價值九十四萬兩千五百美元的固定價格預備設計合約，分別授予當時的美國四大直升機製造商——貝爾直升機德克斯壯（Bell Helicopter Textron）、波音—弗托（Boeing-Vertol）、休斯直升機（Hughes Helicopter）與塞科斯基飛機公司（Sikorsky Aircraft）。

依照合約，每家廠商必須著手研究可行的潛在概念，並據此發展直升機構型設計，包括採用先進技術的傳統構型直升機，以及採用全新先進構型的旋翼機方案（如傾旋翼〔tiltrotor〕等），然後向陸軍提出最佳技術方案（Best Technical Approach, BTA）。

三個月後的一九八三年十二月二十一日，ATL又將一份先進旋翼機技術整合（Advanced Rotorcraft Technology Integration, ARTI）計劃合約，授予四家參與LHX計劃預備設計的承包商，以及新的參與者IBM公司。

先進旋翼機技術整合計劃將啟動一系列關於先進座艙整合與自動化技術的發展研究工作，並對由單一駕駛員負責全部任務作業的LHX-SCAT型直升機，進行模擬研究，藉以評估採用單座構型執行偵查與攻擊任務的可行性，以及相關的技術需求。

■ 美國陸軍在啟動LHX計劃後，另外展開一項先進旋翼機技術整合計劃，藉以探索與驗證LHX計劃涉及的座艙整合與自動化技術，照片為貝爾公司用於先進旋翼機技術整合計劃的Model 249技術展示機，由AH-1眼鏡蛇修改而成，安裝了線傳飛控系統（FBW）進行試驗。

■ 為了檢驗整合座艙技術，並探討單人作業構型的可行性，參與LHX計劃預備設計的承包商，都建造了自己的飛行試驗平臺，如照片便是塞科斯基由S-76直升機改裝而成的Shadow試驗機，在S-76原本的機頭前方加裝了一段模擬的單座座艙，感測器資訊饋入到乘員佩帶的頭盔顯示器，以及座艙中配置的抬頭顯示器與多功能顯示器上呈現。

稍後到了一九八五年，美國陸軍擴展了先進旋翼機技術整合計劃合約包含的範圍，除了原先的座艙整合外，又納入了光電系統（用於目標搜獲標定系統）與超高速積體電路（Very High Speed Integrated Circuit, VHSIC）元件（用於任務電腦）兩個領域的預備設計研究。

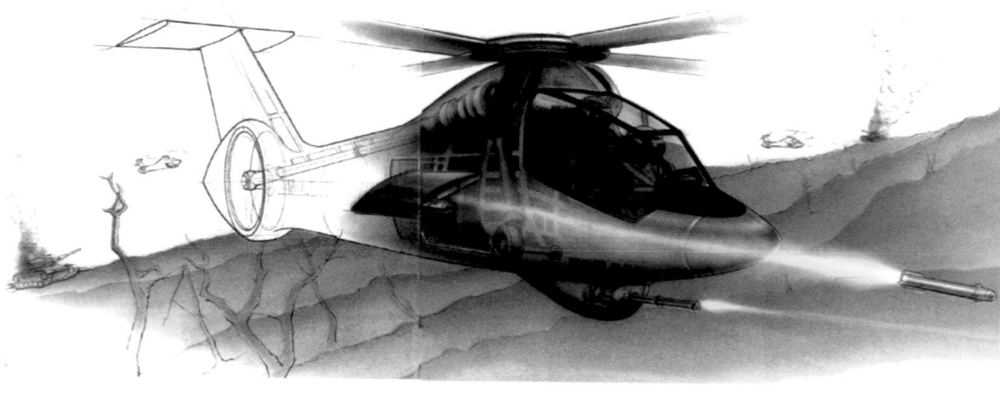

■ 美國陸軍要求LHX採用雙發動機設計，配備空對空型刺針飛彈，與20mm口徑以上的機砲砲塔，LHX-SCAT型還可配備正在發展中、最新型的射頻（RF）導引射後不理反裝甲飛彈，即後來的毫米波主動雷達導引型地獄火飛彈。上圖為波音—塞科斯基提出的設計想像圖，便反映了前述設計特徵。

在應用技術實驗室發出先進旋翼機技術整合計劃合約的同時，訓練與準則司令部也於一九八三年十二月發出一份稱作《概念規劃包》（Concept Formulation Package, CFP）的LHX研究指導文件，為LHX計劃的概念探索提供基本的政策指引。

針對關鍵需求的權衡分析

在展開LHX預備設計研究的同時，為了在計劃初期階段協助確認LHX的需求特性，美國陸軍也另外進行了權衡分析（Trade Off Analysis, TOA）研究，針對機體構型、乘員數目（一名或兩名）、生存性、可靠性與維護性，以及開發時程、風險、成本等多個面向，詳細評估了各種可用的潛在概念設計與系統選擇的組合，在能力上是否能滿足陸軍需求。

LHX的權衡分析研究於一九八五年完成，得出的結論是LHX-SCAT型與LHX-U型都將採用以下特性，包括：雙發動機、具高速性能的直升機或傾旋翼機構型，透過全自動化的雙座座艙，可在日、夜間與惡劣天候下作戰。還將擁有光電目標搜獲系統（Electro-Optics Target Acquisition System, EOTAS）、被動與主動生存性（電戰）設備、跨軍種的聯合通信設備，以及導航系統等先進裝備。

在武裝配備方面，兩種機型都將配備空對空型刺針（Stinger）飛彈，與20mm口徑以上的機砲砲塔，LHX-SCAT型還可配備正在發展中、最新型的射頻（Radio Frequency, RF）導引射後不理反裝甲飛彈（即後來的毫米波主動雷達導引型地獄火飛彈）。

美國陸軍與業界廠商最初也曾考慮過單發動機構型，以便盡可能降低重量與成本。但雙發動機構型不僅可提高戰時的生存性，也有助於改善和平時期的安全性，特別是在長時間水上飛行任務時，最後還是採用雙發動機構型。

美國陸軍一開始設定的任務總重為八千磅（三千六百二十九公斤）等級，這要比OH-6或OH-58大得多（分別為三千五百與五千磅級），僅稍小於AH-1與UH-1系列（九千磅級），就偵搜、斥候任務來說，LHX-SCAT型可搭載較OH-6或OH-58更完善的任務設備，並擁有更佳的酬載—航程性能。

而就攻擊與通用運輸任務來說，LHX-SCAT型與LHX-U型則可提供接近AH-1/UH-1的性能，在執行一些不特別要求酬載—航程的「小」工作時，也可以比一萬四千磅級的阿帕契或一萬七千磅級的黑鷹更有效率。而且LHX較小的尺寸，在高強度戰場上也有較不易遭到目視發現與擊中的優點。

衛部救字第1030125803號

QR碼上捐

謝謝你陪我長大

五歲的平平，全身穿戴著壓力衣，
攣縮的雙手手指就算已不再靈巧，但他仍快樂地玩著電動汽車，
他抬頭問遊戲治療心理師：「我長大後可以開車嗎？」

長大，對一個孩子來說是最自然不過的事，
但是對燒傷的孩子來說，
為了長大，他們必須不斷地接受鬆疤植皮手術；
為了長大，他們在就學的每一階段，
都要學習讓同伴接受自己與眾不同的模樣；
為了長大，燒傷的孩子比一般的孩子承受了更多身心的煎熬...

陽光每年平均服務超過500位燒傷及顏損的孩子，為了陪伴這群孩子順利長大，每年需要850萬元服務經費，提供生心理重建、短期居住、托育養護、經濟補助、就學適應、獎助學金等全方位協助。

陽光基金會 搜尋

陽光社會福利基金會

郵政劃撥帳號：05583335
戶名：財團法人陽光社會福利基金會(請註明：支持小陽光服務
服務電話：(02)25[illegible]7-8006 分機511 尤小姐

Chapter 2
第二章 面向新技術的概念探索

為矯正現役輕型直升機的性能缺陷，並適應一九九〇年代以至二十一世紀的戰場環境需求，美國陸軍在一九八三年啟動的實驗輕型直升機（LHX）計劃中，特別著重航速、生存性、全天候操作等方面的性能，但又要求將機體重量控制在八千磅等級，這也導致承包商們必須在推進系統、機體構造／材料、航電、座艙整合等方面引進創新技術，才能滿足美國陸軍的要求。

高航速需求與先進旋翼技術

其中高航速需求是肇因於當時流行的「直升機空戰」議題。隨著蘇聯Mi-24砲艇直升機在一九七〇年代的服役與廣泛部署，讓美軍體認到，武裝直升機之間彼此遭遇與發生戰鬥，將是日後戰場上極可能發生的現實，於是如何透過攻擊直升機爭取「樹梢高度的空優」，也在一九八〇年代一躍成為熱門話題。

在LHX計劃展開不久之後的一九八四年，又傳出蘇聯卡莫夫（Kamov）設計局正在發展一種專用於空戰的Ka-50直升機（北約代號Hokum）傳聞。在當時西方情報單位的設想中，Ka-50是一種採用同軸反轉旋翼、擁有近一百九十節高航速（三百五十公里／小時）、專用於直升機空戰的機型，美國國防部指出當時西方並沒有任何相似機型，這也讓Ka-50一時成為西方「想像中的」直升機心腹大患（直到冷戰結束後，西方才發現早先對於Ka-50性能與用途的判斷完全錯誤）。

美國國防部一九八七年版《蘇聯軍力》報告中刊載的Ka-50直升機想像圖。在當時西方情報單位的設想中，Ka-50是一種採用同軸反轉旋翼、擁有將近一百九十節的高航速、專用於直升機空戰的機型，因此如何對抗這個新威脅，也被納入了LHX計劃的任務規劃之中，而為因應可能的直升機空戰，連帶也使得高航速成為基本需求之一。

針對可能發生的直升機空戰，航速與適當的武器，將是不可或缺的要求，但當時美國陸軍現役的輕型直升機在這兩方面都存在缺陷，不僅航速過低，也沒有合適的空對空武器，以致既無法與Mi-24或Ka-50進行空戰，也無法迴避其攻擊。因此LHX不僅被要求配備用於對抗空中目標的刺針飛彈與20mm機砲，也需要具備一定的航速性能。

出於對抗蘇聯直升機、要比Mi-24、Ka-50等潛在對手飛得更快的心態，高航速成了當時輿論界與部份廠商為LHX設定的追求目標之一。美國陸軍也評估了從一百六十節到三百節的航速需求，以及針對不同航速需求的旋翼推進技術。

傳統直升機旋翼的改進

傳統構型直升機的最大平飛速度大都在一百六十至一百七十節（二百九十六至三百一十五公里／小時）左右，不過如果應用美國陸軍在「整合技術旋翼／飛行研究旋翼」（Integrated Technology Rotor/Flight Research Rotor, ITR/FRR）計劃中開發的先進旋翼技術，理論上可讓傳統直升機的航速超過兩百節（三百七十公里／小時）。波音－弗托、貝爾與塞科斯基等廠商都參與了「整合技術旋翼／飛行研究旋翼」計劃，並將研究成果反饋到LHX計劃中（註一）。

註一：美國陸軍於一九八三年展開的整合技術旋翼／飛行研究旋翼計劃，目的在於先進旋翼技術的評估、發展與測試，為同時期展開的LHX計劃提供了必要的技術基礎。「整合技術旋翼／飛行研究旋翼」計劃一共評估了三十三種先進旋翼設計，其中包括二十一種無軸承旋翼，主要的參與者有波音—弗托、貝爾與塞科斯基等廠商，其中波音—弗托以其一九七八年試飛的雙彈性樑（double flexbeam）無軸承主旋翼為基礎，發展新的四單元彈性樑（four-element flexbeam）技術；貝爾則持續進行該公司680式無軸承旋翼的進一步發展；塞科斯基也提出了極獨特的「Dynaflex」萬向環座傾斜式無軸承旋翼。

複合推進構型

如果要求比傳統直升機更高的航速，由傳統主旋翼結合額外推進機構的複合推進構型（Compound），是一個可行的選擇，起降作業仍透過主旋翼來提供動力，水平飛行時則改用推進用螺旋槳或噴射發動機，來提供前進動力，理論上極速可達到兩百五十節。

在LHX的概念研究中，塞科斯基便提出了基於該公司S-69先進旋翼概念（Advancing Blade Concept, ABC）實驗機的複合推進概念設計，使用S-69的剛性（rigid）同軸反轉旋翼技術，搭配設於機尾、提供前進推力的導管風扇，可擁有比傳統直升機高出一百節的航速，巡航速度達兩百一十五節，極速則在兩百四十五節（四百五十四公里／小時）以上，並具備良好的懸停性能、機動性與敏捷性，藉由輔助推進系統，還能提供極佳的加、減速能力。

■ 塞科斯基以S-69 ABC實驗機為基礎的同軸反轉主旋翼+複合推進LHX概念，主旋翼是一對同軸反轉剛性旋翼，機尾另設有推進用的導管風扇，可提供兩百四十五節的極速，上為單座型、下為雙座型，雙座型還配有桅頂瞄準具。塞科斯基對這種構型頗為熱衷，雖然後來沒有成功應用到LHX上，但在二〇〇八年試飛的X2實驗機上又再次復活（上）（下）。

傾旋翼構型

若要求三百節（五百五十五公里／小時）以上的極速，則有傾旋翼構型能滿足需求。藉由改變旋翼軸的方向，來讓旋翼以不同模式運作，當旋翼軸向上偏轉時，可讓旋翼像傳統直升機主旋翼一樣提供垂直起降的升力；當旋翼軸向前偏轉時，則可讓旋翼扮演推進螺旋槳的角色，提供水平飛行的拉力（推力）。藉此傾旋翼飛機可兼具傳統直升機的垂直

■ 為追求高速性能，傾旋翼構型在LHX計劃初期十分受到關注，而貝爾又是其中最醉心於傾旋翼機的一家廠商，從早先陸軍的AAH、ARH到LHX等計劃，都提出過傾旋翼機方案。圖為貝爾提出的一種BAT單座傾旋翼機概念（BAT為Bell Advanced Tilirotor貝爾先進傾旋翼的縮寫），理論上可有將近三百節的航速。

起降與懸停能力，與固定翼飛機的高速飛行能力。

參與LHX計劃的廠商中，最熱衷於傾旋翼技術的是貝爾公司，自一九七〇年代以來，貝爾在先後參與陸軍先進攻擊直升機（Advanced Attack Helicopter, AAH）、武裝偵查直升機（Armed Reconnaissance Helicopter, ARH）等計劃的競標時，都曾提出過傾旋翼機設計案，自然不會錯過LHX計劃這個推廣傾旋翼技術的好機會，提出了源自該公司XV-15實驗機的傾旋翼構型，可提供兩百七十節（五百公里／小時）到三百節以上航速，遠高於其他任何構型。不過複雜的傳動系統，以及較傳統直升機為差的懸停性能，是傾旋翼機較大的缺陷。

性能、技術風險與成本的衡量

非傳統旋翼技術所帶來的高速飛行能力，固然十分吸引人，但也有廠商對於引進非傳統的高速構型設計存有疑慮，如休斯公司便認為，任何可提供高於一百八十五節（三百四十三公里／小時）的推進方案，都會帶來成本與風險過高問題。因此到底需要多高的航速，也就成了LHX概念探索階段的一個關鍵議題。

相較於貝爾與塞科斯基，休斯與波音—弗托的概念設計就顯得比較保守，依舊採用傳統單一主旋翼+反扭力尾旋翼構型，但亦有所創新。如波音—弗托在LHX概念設計中採用的旋翼設計，便是以該公司參與通用戰術運輸飛機計劃（Utility Tactical Transport Aircraft System, UTTAS）與先進攻擊直升機計劃競標時所提出的剛性旋翼技術為基礎，休斯公司的LHX概念設計亦採用了無鉸接（hingeless）、無軸承（bearingless）的先進剛性主旋翼。相較於傾旋翼或同軸反轉旋翼+複合推進等非傳統旋翼構型，採用剛性槳轂—槳葉連接的單一主旋翼設計，在技術上雖沒那麼先進，但技術風險明顯較低；而比起傳統的全鉸式旋翼，剛性旋翼的構造不僅簡單許多，也不需要潤滑，操控性亦更為敏銳，可說是一種兼顧了性能與風險的設計。

值得一提的是，如何消除尾旋翼這個傳統直升機不可或缺，但同時又帶來許多麻煩的反扭力（anti-torque）裝置，也成了

■ 遠高於傳統直升機的高航速，是LHX計劃早期追求的目標，為求達到更高的航速，參與LHX概念研究的廠商提出了各式各樣的新設計，這些設計可概分為：(1)傳統直升機旋翼的改進型；(2)複合推進構型；(3)傾旋翼機。上圖為波音—弗托的LHX-SCAT概念設計想像圖，屬於傳統旋翼的改進型，採用無鉸接剛性主旋翼，結合傳統尾旋翼設計，從四葉主旋翼、尾旋翼與尾衍構型可看出，這個設計案帶有該公司在通用戰術運輸飛機計劃中競標失敗的YUH-61A風格，採用旋翼桅頂感測器是其特點。

■ 除了傾旋翼機外，貝爾亦研擬過傳統直升機構型的LHX概念設計，如圖中這種構型便採用了單座、機尾的導管風扇，以及內置式武器艙設計。

各廠商在LHX概念設計中試圖解決的一個重點問題。

傳統直升機是利用尾旋翼產生的側拉（推）力來抵銷主旋翼的扭力，但同時也帶來尾旋翼與主旋翼氣流彼此干擾的問題，這不僅會增加震動與噪音，尾旋翼也會成為防護上的弱點——一旦尾旋翼因故障、碰撞外物或遭敵火命中而失效，直升機便會立即陷入失控自旋。

傾旋翼與同軸反轉旋翼，都能透過兩副旋轉方向彼此相反的主旋翼來互相抵銷扭力，先天上就無需設置尾旋翼。傳統構型直升機亦有變通方式可用，貝爾與塞科斯基都研究了在LHX概念設計中應用導管風扇（ducted-fan）的可行性，休斯則提出該公司獨創的無尾旋翼設計（No Tail Rotor, NOTAR），導管風扇與無尾旋翼兩種設計都能在提供反扭力功能的同時，減少低空飛行或於狹窄場地降落等情況下，因外物損傷反扭力系統而使直升機失控的機率，在地面運轉時對人員的危險性也較小。

複合材料新技術

為了滿足LHX計劃在重量、生存性與成本方面的需求，纖維增強有機複合材料（fiber-reinforce organic matrix）的應用，將是影響這個計劃成功與否的關鍵環節。在LHX上大量應用兼具輕量與高強度特性的複合材料，是美國陸軍既定的需求之一，這不僅能減輕重量，亦能確保足夠的抗墜毀與彈道防護性能，還沒有金屬腐蝕問題。

在啟動LHX計劃之前，美國陸軍便已在先進複合材料機體計劃（Advanced Composite Airframe Program, ACAP）名義下，於一九八一年二月與貝爾及塞科斯基兩家廠商簽約，分別建造全複合材料實驗機，用以驗證先進複合材料在減輕直升機重量、成本與改善性能方面的效果，並探討大規模複合材料應用所帶來的生產製造與維護問題。

美國陸軍在先進複合材料機體計劃中定出的目標，是透過複合材料為直升機減少百分之二十二的重量、百分之十七的成本、百分之二十的可靠性，以及降低15dB（分貝）的雷達截面積（RCS），結構強度還須滿足既有的抗墜落衝擊規範，並須具備抵抗12.7mm穿甲彈與23mm高爆燃燒曳光彈的防護容限，以及在貨艙酬載四百八十磅條件下達到一百四十節極速。

■ 休斯的單座LHX-SCAT型概念，採用改進的傳統直升機主旋翼，再結合新的反扭力設計，特點在於機體兩側設有既可用於攜帶武器、又可提供相當程度升力的後掠短翼，搭配剛性鉸接主旋翼，與機尾的無尾旋翼設計。

■ 一九八一至一九八六年間進行的先進複合材料機體計劃，是直升機發展史上的重要里程碑，利用兩種全複合材料試驗機，驗證了在直升機上大規模應用複合材料的可行性與效益，同時也為緊接而來的LHX計劃奠定了基礎。在LHX上大量應用複合材料是美國陸軍的既定需求，這不僅能減輕重量、降低成本，亦能確保足夠的抗墜毀與彈道防護性能。上圖為貝爾D292 ACAP試驗機的複合材料製尾衍構造，下為塞科斯基S-75 ACAP試驗機的複合材料製貨艙艙門。

■ 為驗證複合材料在直升機上的應用效果，美國陸軍在一九八一年啟動的先進複合材料機體計劃下，與貝爾及塞科斯基兩家廠商簽約，建造全複合材料實驗機，上為貝爾的實驗機D292，下為塞科斯基的S-75，兩種實驗機分別是以貝爾222與塞科斯基S-76的動力單元與氣動力構型為基礎、改換全複合材料機體的改良型。

先進複合材料機體計劃（ACAP）的執行分為兩階段，在一九八二年十二月結束的第一階段中，兩家廠商分別設計、建造了全尺寸的複合材料結構元件，用於元件層級的測試。緊接著的第二階段中，兩家廠商分別建造了三架全複合材料試驗機，包括一架靜力測試用機體（Static-Test Article, STA）、一架地面維修與彈道射擊驗證用機體（Tool-Proof Article, TPA），以及一架飛行測試用機體（Flight-Test Vehicle, FTV），再加上一架對照用的普通金屬結構機體。

ACAP計劃進入飛行測試的試驗機實際試飛的時間，正好接在LHX計劃正式啟動之後。貝爾D292與塞科斯基S-75兩種「ACAP計劃」實驗機，分別於一九八四年七月與一九八五年八月展開試飛，相關試飛分別持續進行到一九八五年四月與一九八六年一月，初步達成了陸軍的目標，甚至還比陸軍定出的要求更好。以塞科斯基S-75來說，比起作為原型基準的S-76，S-75達到了節省百分之二十五・二重量與百分之二十四・五成本的成果。貝爾D292亦有良好的表現，比起作為原型的貝爾222，D292的零件數量減少了百分之十以上，重量節省幅度達到百分之二十二・七，成本節省幅度也達到百分之十七的指標，貝爾還聲稱，如果投入正式的全複合材料生產工廠，而非以傳統金屬機體製造工廠轉用，那麼他們將能達到削減百分之二十三・二成本的目標。

ACAP計劃所取得的成果，為緊接而來的LHX計劃奠定了基礎，驗證了在直升機上大規模應用複合材料的可行性，事實上，貝爾與塞科斯基這兩家ACAP計劃的承包商，日後便分別成為兩組LHX競標團隊的核心廠商。

■ LHX是第一個引進「低可觀測性」，也就是匿蹤概念的直升機計劃，藉由「減少被發現機率」來提高生存性，在這樣的要求下，各廠商構想的LHX設計案都採用了有利於控制雷達訊跡的圓滑外型，並帶有內部彈艙與可折收式起落架設計，與上一代攻擊直升機有稜有角的構型大異其趣。如圖中波音—塞科斯基提出的兩種LHX直升機想像圖，便反映了這樣的特徵。（上）（下）

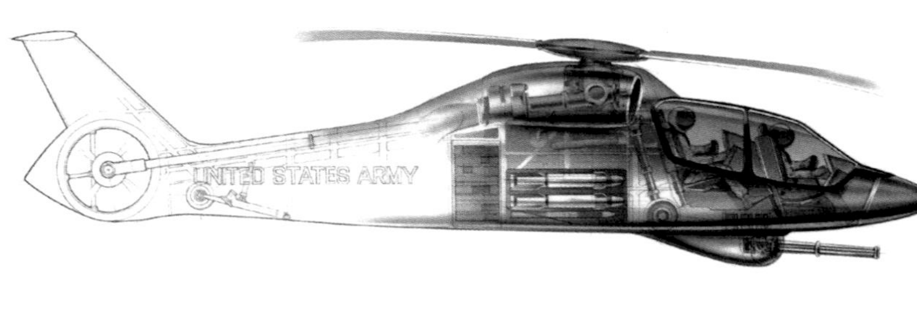

改善生存性的新途徑

直升機的生存性可分為四個層次：

(1)防止被發現：減少被偵測系統發現的機率，又可分為戰術與技術兩個面向，在技術方面需針對紅外線、雷達、光學與聲訊四個方面，降低直升機釋放出的訊跡；在戰術方面則是透過貼地匍匐（Nap-of-the-Earth, NoE）飛行，減少飛行時機體的暴露。

(2)防止被擊中：被敵方發現後，設法透過電子反制措施降低敵方追蹤、瞄準與命中的機率，也就是利用自衛電戰系統確保不會遭到敵方防空武器的命中。

(3)遭擊中後防止墜毀：在結構上採取措施，確保機體一旦遭到擊中，不致造成嚴重後果，可視情況持續飛行或緊急迫降。主要是依靠對重要機載系統採取雙重冗餘備份與分離佈置，以及使機體重要部位具備彈道防護能力等手段來達成。

(4)墜落時確保機上乘員生存：生存性設計的最後一環即是抗墜毀（crashworthiness）能力，假若直升機要害遭到命中，無可避免的將面臨墜毀命運時，需透過各式抗墜落衝擊措施的保護，儘可能確保機上乘員的生存。

在LHX計劃之前，美國陸軍對直升機生存性的要求主要是著重於後三個方面，而LHX計劃則是第一個把「減少被發現機率」列入核心需求的直升機開發案。這將牽涉到雷達、紅外線、噪訊等方面的低可觀測性（Low Observable）技術應用，也就是一般所說的匿蹤（Stealth）技術。

而藉由低可觀測性技術來降低被發現機率的要求，也深深地影響了各廠商的概念設計，這樣的影響從各廠商發佈的概念圖便可看出一二——在低可觀測性要求下，各廠商構想的LHX設計案都採用了有利於控制雷達訊跡的圓滑外型，並帶有內部彈艙與可折收式起落架設計，部份概念設計甚至連機砲砲管都能收進機身中，以便盡可能維持機體外表的光滑，藉此減少產生雜亂的雷達反射，以利雷達訊跡特性的控制，這也讓LHX直升機的外型，與上一代攻擊直升機有稜有角、並主要透過外部掛載武器的構型大異其趣。

利用減少雷達訊跡、抑制紅外線與聲音噪訊的措施，不僅有助於提高LHX在一般任務中的生存性，對LHX-SCAT型來說，還可利用低訊跡的特性，在必要時接近敵方到更近的距離而不虞被發現，特別有利於斥候、偵查任務的遂行。

此外，LHX預定採用的新型導航系統與感測器，亦有改善生存性的效果。透過基於GPS與環型雷射陀螺儀為基礎的被動式導航系統，不僅能減少電磁輻射，亦能在夜間與惡劣天候下為貼地匍匐飛行提供支援；而藉由搭載引進第二代紅外線焦平面陣列與其他改進的感測器，則能允許LHX在更遠的距離外觀察與接戰目標。

先進座艙整合與單座構型概念

在整個LHX概念探索階段，一個遲遲沒有得到最終確認的議題，是操作乘員數目的設定。考慮到直升機的操作要比固定翼機更為複雜、困難，加上執行飛行操縱以外任務的需要，傳統上無論是執行斥候、攻擊還是通用任務的軍用直升機，都是採用雙乘員配置——由一名專責駕駛的正駕駛，搭配一名可兼任其他作業的副駕駛，以便合理的分配乘員工作負擔。

但是對於輕型的斥候／攻擊直升機來說，為了容納第二名乘員所帶來的座艙與相關設備需求，也會增加至少一千磅的額外重量。此外，對於協助處理大量座艙資訊這個目的來說，增設並培訓一名副駕駛也是一種相當昂貴的解決方式。

基於控制重量與成本的考量，美國陸軍在啟動LHX計劃之初，曾對採用單座構型充滿興趣，因此特別在一九八四年另外展開了先進旋翼機技術整合（ARTI）計劃，來探討以單座構型來執行斥候、攻擊任務的可

■ 貝爾公司亦參與了先進旋翼機技術整合（ARTI）計劃，並利用先前改裝了新型四葉旋翼的Model 249展示機作為先進旋翼機技術整合實驗機，藉以檢驗LHX的單人座艙概念可行性。

■ 麥道的LHX座艙整合技術實驗平臺，是由一架AH-64A充任，稱為「先進數位飛控系統」（ADFS）展示機，該機前座經過特別改裝，用於模擬單座構型LHX所涉及的相關技術。

■ 針對先進旋翼機技術整合計劃所涉及的座艙整合技術研究，波音—弗托改裝了一架A109直升機作為試驗平台，上為波音—弗托的A109 ARTI實驗機，下為機內安裝的設備。波音的先進旋翼機技術整合概念機在駕駛窗上安裝了由四具CRT組成的兩百二十度廣角顯示單元，並利用移動地圖顯示器為飛行員提供導航，以及友軍、敵軍與障礙物位置資訊。

行性。參與先進旋翼機技術整合計劃的廠商，有同樣參與LHX預備研究的貝爾、波音—弗托、麥道（此時休斯直升機已為麥道併購並更名）、塞科斯基，另外再加上IBM公司。若要以一名乘員來執行原本由兩名乘員執行的工作，則如何減輕座艙工作負擔，將是這個概念能否實現的重點，並且將會牽涉到大量的座艙自動化與資訊融合技術的應用，如可在感測器影像上疊

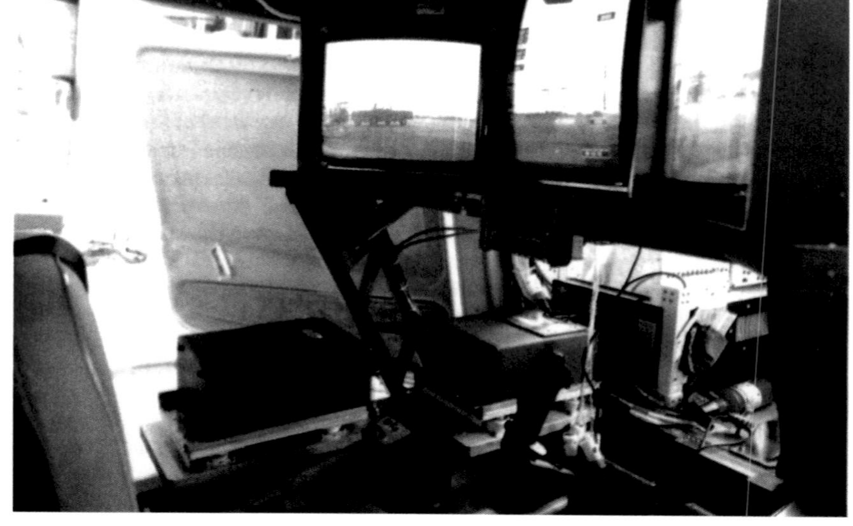

加顯示飛行數據與目標資訊的多功能顯示器、可透過語音進行交互操作的通信系統或其他次系統，以及利用語音呈現的警示與監控功能等。

為了探討單座構型所牽涉到的導航、目標搜獲、自動飛控系統、玻璃化座艙與語音輔助系統等新技術，貝爾、波音、麥道與塞科斯基等四家廠商，都以既有的直升機為基礎，各自改裝了座艙整合實驗機，透過實際試飛與相關系統的模擬試驗，檢驗單座乘員概念的可行性。

經由實驗機試飛、實際測量飛行員在不同情況下的工作負荷後，先進旋翼機技術整合計劃最終的結論顯示，透過自動化座艙系統的協助，由單一駕駛員執行任務固然在一般情況是可行的，但卻無法應付在夜間進行貼地匍匐飛行這種複雜的情況。特別是對斥候直升機的駕駛員來說，將無法同時兼顧駕駛飛機、觀測目標與協調友軍火力等多種作業的要求。

因此考慮到複雜情況下的操作負荷，LHX還是需要一名負責駕駛的飛行員，搭配另一名乘員協同操作。但儘管採用雙座構型的可行性明顯較高，美國陸軍亦不願放棄技術整合性更高的單座構型，最後決定發展一種具有「單人操作」能力的雙座構型，也就是說，LHX基本座艙構型仍將採用傳統的雙座設計，但具備了單人操作能力，必要時能由單一乘員，執行包括飛行操作在內的所有作戰任務。

先進整合航電系統

為克服既有偵搜直升機的觀測設備不足、且缺乏惡劣天候作業能力等缺陷（註二），二十四小時全天候、全地形值勤能力，是美國陸軍為LHX計劃設定的必備基本要求。這要求LHX的配備可在夜間或惡

劣天候下提供外界影像與目標資訊的感測器，當時被列入候選清單中的感測器，包括前視紅外線（Forward Looking Infrared, FLIR）、毫米波影像雷達，甚至是實驗中的二氧化碳雷射雷達等。

配備先進感測器的要求，只是LHX在航電與任務設備方面的眾多需求面向之一，由於美國陸軍在LHX計劃中還試圖追求單人操控的目標，因此如何將感測器資訊以最有效率的方式呈現給直升機乘員、盡可能減輕乘員操作負擔，將是LHX航電設備發展的另一大重點。這將涉及感測器融合技術的深入應用，以及感測器與座艙顯示系統間的整合，而這又有賴於新一代電腦軟硬體技術的支持，與頭盔顯示器等新式操作介面裝備的引進。

但關鍵在於，前述一切需求都須在嚴苛的體積與重量限制下達成——LHX是一種重量八千磅級的輕型直升機，能用於航電設備的空間與重量餘裕十分有限，故美國陸軍指定LHX須採用以超高速積體電路（VHSIC）技術為基礎的電腦元件，預期可在使電腦速度提高二十倍的同時，減少百分之九十五的元件數量，從而達到兼顧提高運算效能，與減輕體積、重量的目標。

註二：美國陸軍上一代的主力偵搜直升機OH-6A與OH-58A/C等機型，均只有日間作業能力，而且觀測裝備也只有飛行員的肉眼目視或自身攜帶的簡單光學器材，許多情況下都無法勝任偵搜斥候的要求，以致指揮官有時寧可派遣感測設備較佳的AH-1，來執行目標偵查觀測任務。

■ 塞科斯基的座艙整合實驗機，是由S-76改裝而成的Shadow試驗機，Shadow是塞科斯基直升機乘員工作負荷先進展示機（Sikorsky Helicopter Advanced Demonstrator of Operator workload）的縮寫，該公司特別在這架實驗機的機頭，額外鉸接上一段新的單座座艙構造，用來模擬單座的LHX座艙。塞科斯基的概念是盡量縮小儀表板顯示區域，提供更大的座艙視野，並利用頭盔顯示器來操縱感測器與武器的指向。（上）（下）

■ 塞科斯基ARTI實驗機的實驗性單人座艙，可見到採用了三具顯示器與雙側操縱桿設計，這樣的設計對二十一世紀的今日來說雖然司空見慣，但是在一九八〇年代初期，是極為新穎的配置。

Chapter 3
第三章 新世代直升機開發起步

當承包商們正忙於LHX的概念設計研究時，美國陸軍航空系統司令部也開始評估合適的計劃發展策略，從一九八三年起，組織了一個權衡決策（trade-offs determination, TOD）委員會，負責找出既能滿足LHX計劃需求、風險亦在可接受範圍內的發展策略。

性能需求與開發時程規劃

權衡決策委員會研究了幾種發展策略，最後在一九八四年八月十二日完成了LHX基準（Baseline）獲得計劃，定出的目標是要求LHX應在一九九〇財年以前投入量產。為了實現這項極富野心的時程規劃，美國陸軍預定讓LHX從一九八六財年進入全尺寸發展（Full-Scale Development, FSD）階段，並將國防系統採購審查委員會（Defense Systems Acquisition Review Council, DSARC）的里程碑I（Milestone I）與里程碑II審查，合併到一九八五年十月同時進行。原型機首飛則訂於一九八九年，然後獲勝者的設計方案很快便會投入量產。

至於具體的設計目標則包括：

◆LHX-SCAT的主要任務總重在七千五百至八千五百磅（三千四百零五至三千八百五十九公斤）之間（即八千磅±五百磅）。

◆LHX-U型需能運載六名士兵或二千磅（九百零七公斤）貨物，貨艙另需預留搭載額外兩名士兵的空間，所以搭載上限是八名士兵。

◆高度的敏捷性與機動性。

◆符合當前的抗墜毀與核生化（NBC）防護標準，採用輪型起落架。

◆LHX-SCAT型的基本武裝配置為四枚地獄火飛彈、兩枚刺針飛彈與一門機砲。

◆採用兩具發展中的T800渦輪軸發動機作為動力來源。

◆平均單位飛離成本（Flyaway cost）定為五百萬美元（以一九八四財年幣值為基準）（註一）。

◆LHX-SCAT型與LHX-U型之間具備百分之七十的共通性。

◆每飛行小時平均維護人─時（man-hour）較AH-1與UH-1低百分之五十。

◆發動機燃油經濟性較AH-1/UH-1使用的T53渦輪軸發動機改善百分之二十五。

註一：另有資料記載，LHX-SCAT型的單位飛離成本目標訂為六百萬美元，通用型則訂為四百萬美元，均為一九八四財年幣值。

暫定的LHX總需求量高達四千五百三十五架，包含LHX-U型兩千四百零八架，以及LHX-SCAT型兩千一百二十七架，其中LHX-SCAT型又分為一千一百架用於替換AH-1的砲艇攻擊型（SCAT Gunship），以及一千零二十七架用於替換OH-6與OH-58的斥候型（SCAT Scout）。

不過當美國陸軍發出這份發展計劃後，便立即招致外界批評，尤其是一九九〇年便要讓LHX投產、並為此壓縮獲得程序的非正規做法。如此一來，在概念探索與定義階段（CE/D）後，將不會先經過國防系統採購審查委員會里程碑I審查，而是改將概念探索階段，與接下來的展示與驗證（Concept Demonstration and Validation, Dem/Val）階段合併在一起，同時進行里程碑I/II審查，然後就直接把計劃推進到全尺寸發展（Full Scale Develpment,FSD）階段。

■ 美國陸軍在一九八四年確認了LHX計劃的動力系統規格，要求以兩具新發展的T800渦輪軸發動機做為動力來源，並指示這種新發動機須能提供較上一代發動機改善百分之二十五的燃油經濟性。

■ LHX計劃極為重視維護性，要求每飛行小時的平均維護人一時必須比現役的AH-1與UH-1直升機低百分之五十。照片為維護中的AH-1眼鏡蛇直升機。

■ LHX計劃將發展LHX-SCAT型，以及LHX-U型兩種款式，其中LHX-SCAT型又分為用於取代AH-1攻擊直升機的砲艇攻擊型，與用於替換OH-6與OH-58的斥候型。照片為併飛中的AH-1與OH-58，依LHX計劃的規劃，這兩種直升機都將由LHX-SCAT型接替。

但這種不按照正規程序的壓縮時程做法，顯然會引起監察管理單位的疑慮，因此當國防部審查陸軍的LHX規劃時，國防部監察長（Inspector General）便認為，國防部長辦公室（OSD）恐怕是受到陸軍的誤導，事實上，在美國陸軍最初提交給國防部長辦公室的簡報中，仍然是將里程碑I與里程碑II審查分開列出，但在實際發佈的計劃中，卻逕自合併了這兩個國防系統採購審查委員會的決策點。

儘管如此，陸軍這種規劃仍然獲得了國防部長辦公室認可，批准了陸軍提出的一九八五財年計劃目標備忘錄（Program Object Memorandum, POM）文件。不過陸軍這種合併國防系統採購審查委員會里程碑I/II的審查、壓縮計劃時程的做法，也成了後續的爭議焦點之一，並持續為部份國防部人士所反對。

計劃時程的調整

在接下來的幾年中，陸軍又對LHX的計劃時程進行了數次調整，試圖進一步降低計劃風險，並控制不斷攀升的經費需求。

由於預算限制，陸軍在一九八五年時被迫取消幾項先期研究合約，考慮到失去這幾項用於降低技術風險的先期研究合約的影響，LHX計劃經理只得更改時程。既然無法在計劃前期進行充份的風險降低研究，就只能放慢時程，讓計劃的後續階段能有更充裕的時間來因應可能出現的問題。

調整後的時程規劃仍維持原先的廠商組隊競標策略，但全尺寸發展階段延長到六十個月，投入量產時間也延後到一九九二財年。藉由時程的延長，可允許承包商們擴大在概念規劃、單座構型概念驗證、預備系統設計等領域的研究工作。

不過到了一九八六年七月，修正後的LHX時程規劃也出了問題。原先的規劃是從兩組競標團隊中選出一組進入全尺寸發展階段，但國防科學委員會（Defense Science Board）卻建議，在全尺寸發展階段初期仍繼續維持兩組團隊競標。於是LHX計劃經理只能在計劃目標備忘錄所設定的預算規劃下，再次調整計劃時程。

修訂後的LHX計劃時程將全尺寸發展階段下分為兩個階段，階段I稱為細部設計（Detailed Design）階段，要求兩組競標團隊在固定價格合約下，進行競標方案的細節設計與試驗，然後選出一組團隊負責階段II的後續發展工作。

雖然經過了兩次調整，不過出於對系統成熟度與整體成本的擔憂，陸軍於一九八七年對LHX時程作出了第三次更動。由於國防部長辦公室持續反對陸軍合併里程碑I/II審查的非正規的方式，陸軍在這次調整中只能放棄這種壓縮時程的做法，重新將概念探索與定義（CE/D）以及展示與驗證（Dem/Val）分離為兩個獨立階段，並預定於一九八八財年從概念探索與定義階段進入為期五十六個月的展示與驗證階段，全尺寸發展階段則縮短為二十六個月。

藉由調整後獨立的展示與驗證階段，可以讓整個計劃有更多的時間，可以用來降低成本、時程、技術與性能方面的風險，在這個階段要完成的工作有：

◆承包商的組隊，以及兩組團隊的競標。

◆每組團隊建造三架雙座構型原型機，每種都需具備單人駕駛能力。

◆完成用於飛行試驗用原型機的核心任務設備套件（Mission Equipment Package, MEP）。

◆完成用於陸基航電原型的完整任務設備套件。

◆完成整合訓練系統的研發。

待通過里程碑II審查、並選出獲勝的承包團隊後，便能進入全尺寸發展階段。陸軍預計於一九九二年九月與獲勝團隊簽訂固定價格的全尺寸發展階段合約，然後在一九九四年十一月簽訂低速率初始量產（LRIP）合約。陸軍還打算在一九九五年

LHX計劃的開發階段區分

本文在介紹LHX計劃的演變時，曾提到「里程碑0」、「階段0」等美軍裝備採購程序術語，在此對這些術語作一簡要說明。

在LHX計劃初期，依循的是美國國防部在一九七七年修訂的DoDI5000.2《防務裝備採購程序》（Defense System Acquisition Process）的規定，依照這份指令，重大系統的獲得分為四個階段（Phase）——概念探索（Concept Exploration）、提案的展示與驗證（Demonstration and Validation, Dem/Val）、全尺寸發展（Full Scale Development, FSD），以及量產與部署（Production and Fielding）。而在啟動每個階段、或從上一個階段進入下一階段時，都需通過國防採購審查委員會（Defense System Acquisition Review Council, DSARC）的審定，這些審查節點稱為里程碑（Milestone）。各階段與里程碑的區分如下圖所示：

只有通過里程碑0的審定，並進入階段0概念探索後，才算真正啟動一項裝備的研發程序。本文所提到的種種LHX概念設計研究，都算是在執行里程碑0審定前的預備工作。必須藉由這些預備研究，使軍方與業界對新裝備的任務需求逐漸明確化，將任務型態、概念設計類型、性能特性與任務需求收斂到一個具體範圍後，才能展開實際的開發工作。

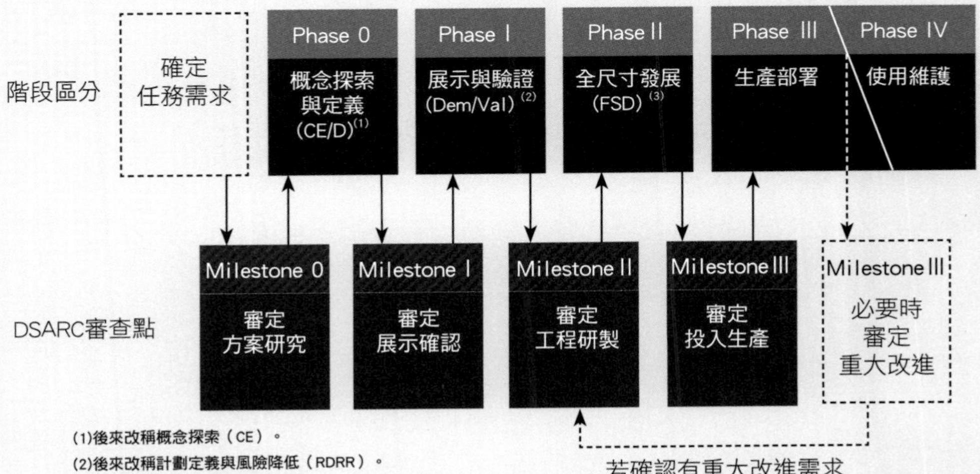

階段區分	確定任務需求	Phase 0 概念探索與定義 (CE/D)(1)	Phase I 展示與驗證 (Dem/Val)(2)	Phase II 全尺寸發展 (FSD)(3)	Phase III 生產部署	Phase IV 使用維護
DSARC審查點	Milestone 0 審定方案研究	Milestone I 審定展示確認	Milestone II 審定工程研製	Milestone III 審定投入生產	Milestone III 必要時審定重大改進	

若確認有重大改進需求

(1)後來改稱概念探索（CE）。
(2)後來改稱計劃定義與風險降低（RDRR）。
(3)後來改稱工程與製造發展（EMD）。

■ 表一 美軍重大武器系統的獲得程序。
LHX計劃的發展是按照美軍重大武器獲得程序進行，區分為六個不同階段，從一個階段進入另一個階段前，都須經過國防採購審查委員會審查的核准。

十二月，另外啟動針對突擊衍生構型LHX的獨立全尺寸發展階段時程，預定為期三十五個月。

一九八七年修訂後的發展計劃，將採用固定價格形式的發展競標與量產合約。而既有參與預備設計（Prepare Design, PD）研究的承包商，則將分別組成兩組競標團隊，各自向陸軍提交設計案。此外，陸軍要求每組團隊中的兩家廠商，也需各自具有完整、獨立的生產能力，以便從第三批次（Lot 3）量產機起，在兩家廠商間彼此進行量產合約的競標。

換言之，美國陸軍採用了一種兩階段競爭策略——參與LHX競標的廠商，不僅需要與另一家廠商組成團隊，與另一組團隊競爭LHX的全尺寸發展階段合約；當贏得合約並進入量產階段後，還需與共同組成團隊的夥伴，彼此互相競爭後續的量產合約。

競標團隊的成形

當概念探索研究進入尾聲時，美國陸軍要求相關廠商組成團隊，以便進行後續的發展工作。參與LHX預備設計的四家廠商中，波音率先與塞科斯基達成合作協議，於一九八五年六月組成了「第一隊」（First Team），稍後麥道與貝爾兩家廠商亦於一九八六年四月組成「超級隊」（Super Team），正式形成了兩組LHX競標團隊。

LHX計劃的發動機發展

美國陸軍最初為LHX設定的動力需求，是以先前在先進技術展示發動機（Advanced Technology Demonstrator Engine, ATDE）計劃中發展新型渦輪軸發動機為基礎，延伸發展的兩具800~1,000shp渦輪軸發動機。先進技術展示發動機計劃的目的，是研發供未來直升機使用的中等功率渦輪軸發動機相關技術，由艾利森燃氣渦輪公司（Allison Gas Turbine）與萊康明（Avco Lycoming）兩家主要的渦輪軸發動機廠商承包，美國陸軍設定的需求指標，是要求比上一代發動機降低百分之二十的燃油消耗率。而到了LHX計劃啟動後，美國陸軍又進一步提高了新發動機的性能目標，要求比上一代發動機降低百分之二十九的燃油消耗率與百分之十七的重量。

美國陸軍在一九八四年十二月正式發出搭配LHX計劃的T800渦輪軸發動機提案徵求書（RFP），主要的參與者仍是當初承包先進技術展示發動機計劃的兩家廠商，然後以這兩家承包商為核心分別組成兩組競標團隊，艾利森找了蓋瑞特渦輪發動機公司（Garrett Turbine Engine）合組團隊，萊康明則與普惠（P&W）結盟。

艾利森－蓋瑞特的設計被稱為T800-LHT-800，萊康明－普惠的設計則稱為T800-APW-801。經過為期近四年、包括原型試驗在內的競爭後，艾利森－蓋瑞特的設計案以多項優勢而中選，美國陸軍於一九八八年十月宣佈，由艾利森與蓋瑞特合組的輕型直升機渦輪發動機公司（Light Helicopter Turbine Engine Company, LHTEC）贏得LHX發動機的競標。

T800-LHT-800可輸出895kW（1,200shp）的中間額定功率（Intermediate Rated Power, IRP），重量僅一百三十九公斤（三百零七磅），率先採用了兩級離心式壓縮機構型，功率重量比在當時首屈一指，而且操縱反應十分敏銳，只需兩秒就能從怠速提高到中間額定功率輸出狀態。在燃油消耗率方面，在中間額定功率輸出時的燃油消耗率為0.326kg/kW/hr（0.537lb/shp/hr），在766kW（1,027shp）的最大連續輸出功率下，燃油消耗率更只有0.268kg/kW/hr（0.44lb/shp/hr），較AH-1與UH-1直升機使用的T53系列渦輪軸發動機，分別低了百分之十至百分之三十。

按美國陸軍的原始性能設定，T800應具備不低於百分之五十的功率增長潛力，可從基本型的900kW等級提升到1,300kW（1,800shp）等級。針對實際應用到LHX直升機上的需求，美國陸軍要求LHTEC公司以T800-LHT-800為基礎，發展功率提高到969kW（1,300shp）以上的衍生型，這就是後來的T800-LHT-801。

■ 萊康明與普惠公司合作發展的T800-APW-801渦輪軸發動機全尺寸模型，這個設計案在LHX發動機競標中，最終敗給LHTEC公司的T800-LHT-800。

在此之前，美國陸軍亦已於一九八四年十月啟動搭配LHX的T800渦輪軸發動機競標，並形成艾利森－蓋瑞特與萊康明－普惠兩組發動機競標團隊。

接下來美國陸軍在一九八五年稍後，將一份新的預備設計研究合約授予波音－塞科斯基與麥道－貝爾兩組團隊。這份預備設計研究合約的重點，放在一些高技術風險領域，包括被稱為任務設備套件（MEP）的先進航電系統設計與測試、機體構型的風洞測試，以及工程模擬等（註二）。

註二：美國陸軍規定的LHX任務設備套件（MEP），包含有VHSIC任務電腦、導航系統與目標搜獲系統等三個核心單元。

藉由這些合約，承包商們將能透過實際試驗，發展與展示他們在VHSIC任務電腦、光電目標搜獲系統（EOTAS）、導航系統與頭盔顯示系統等關鍵技術領域的能力。

在團隊分工中，第一隊由塞科斯基負責主要的機體設計，波音則負責主旋翼與飛控系統，並帶領次承包商們進行整合任務設備套件的整合；超級隊則由貝爾承擔主要的機體與旋翼系統發展工作，麥道則承擔飛控系統與任務設備套件的整合。

回歸傳統直升機設計

到了組成競標團隊的一九八五至一九八六年間，由於先期研究的結果顯示，考慮到在成本與技術開發方面必須承擔的高風險代價後，讓斥候或通用直升機擁有超過兩百節甚至兩百五十節以上航速，效益是可疑的。

美國陸軍也在一九八五年三月表示，LHX計劃並不需要應用非傳統直升機構型，顯示美國陸軍也無意讓LHX具備超過傳統直升機的高航速。因此兩組團隊的概念設計，都回歸到傳統的單主旋翼直升機構型上，早先的傾旋翼、同軸反轉旋翼+複合推進等設計，則陸續退出LHX計劃的主流。

波音－塞科斯基的第一隊，接下來提出的概念設計採用了由波音－弗托設計的全複合材料五葉式無軸承剛性主旋翼，搭配導管風扇的構型，並帶有特殊的V型垂直安定面；麥道－貝爾的超級隊，則結合了貝爾的680式無軸承複合材料主旋翼，以及麥道獨門的無尾旋翼技術。

兩家廠商的概念設計都同時包含了LHX-SCAT型與LHX-U型，接下來兩家廠商的設計提案雖然在細節上又有許多更動，不過前述基本特徵便就此確定下來，一直延續到後來的競標階段。

基本需求規格的成形

一九八七年是LHX計劃初期發展的關鍵一年，美國陸軍在這一年不僅對計劃發

■ 波音－塞科斯基團隊在一九八五年底左右提出的LHX-SCAT型概念設計想像圖，可見到採用傳統的單主旋翼設計，搭配埋設於機尾的導管風扇。機尾還設有獨特的V型垂直安定面。

■ 麥道－貝爾團隊的LHX概念設計，採用了貝爾680式無鉸接主旋翼，搭配麥道無尾旋翼系統的構型，機體兩側設有兼用於容納武器與提供升力的大型鰭狀結構。

展時程做出了重大調整，另外也完成了數項重要的作業程序，讓LHX計劃的需求規格得以具體成形，同時也訂出了展開具體研發工作所需的國防系統採購審查委員會里程碑I審查日期（暫定於一九八八年一月）。

陸軍航空中心（Aviation Center, USAAVNC）在一九八七年完成了LHX計劃的作戰需求文件（Operational Requirements Document, ORD），確認了用於替換既有輕型偵查與通用直升機隊、修正當前陸軍航空力量不足所需新機型的基本需求。以陸軍航空單位對LHX計劃的設想為基礎，作戰需求文件列出了新機型必須滿足的關鍵系統特性要求，包括：

◆可同時用於斥候與攻擊任務的單一機體（也就是將原來區分為砲艇攻擊型與斥候型的兩種LHX-SCAT的衍生型，合併為一個機型）。

◆擁有一千兩百六十浬（二千三百三十三公里）的自力部署航程，含三分鐘預備燃料。這樣的續航性能，可允許LHX經由整年都可通航的大西洋南部航線、自力從美國本土跨越大西洋抵達歐洲（註三）。

◆可配合空軍C-141、C-17與C-5運輸機的空運能力。

◆較既有輕型直升機改善的熱天（hot day）作業性能（以四千呎海拔高度與華氏九十五度為基準）。

◆在發動機中間額定功率狀態下，LHX-SCAT型的航速需達一百七十節，LHX-U型則為一百六十節。垂直爬升率需至少達到每分鐘五百呎。

◆藉由減少視覺、聲訊、紅外線訊跡，以及充分的抗墜毀性能（可承受每秒三十八呎垂直衝擊），來改善生存性。

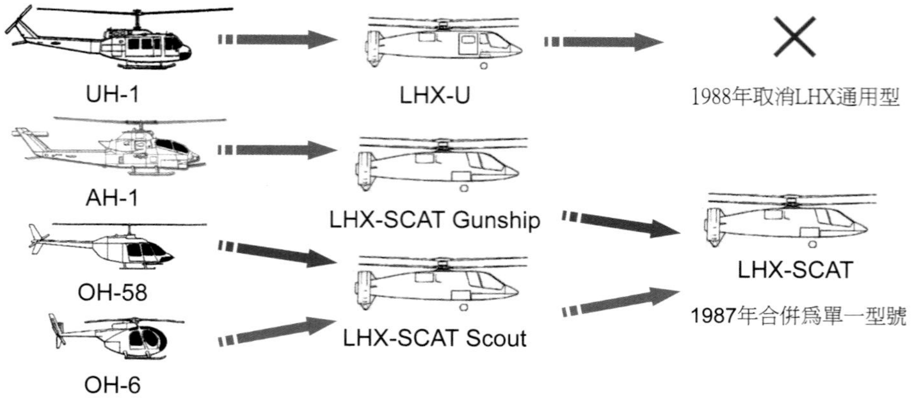

UH-1
LHX-U
1988年取消LHX通用型
AH-1
LHX-SCAT Gunship
OH-58
LHX-SCAT
OH-6
LHX-SCAT Scout
1987年合併爲單一型號

■ LHX計劃的需求演變。
1982年開始擬定LHX計劃之初，美國陸軍原打算發展兩種LHX機型，一種是武裝斥候/偵查與攻擊型(SCAT)，另一種是通用/觀測型(LHX-U)，兩種機型擁有共通的動力系統與核心航電系統，再結合針對不同任務需求設計的機身與任務航電，其中SCAT又分為砲艇型與斥候型兩種機型。不過隨著計劃的推移與情勢的變化，美國陸軍先是在1987年時將SCAT砲艇型與SCAT攻擊型合併為一個機型，稍後在1988年又撤銷了LHX通用型，改為聚焦於LHX SCAT型的發展。

訓練與準則司令部在一九八七年三月十一日批准了LHX計劃的作戰需求文件，與另一份作戰與組織計劃提案。不過執掌訓練與準則司令部的副參謀長（負責準則業務）也向陸軍航空中心指出，有鑑於偵查任務的重要性，以及在執行上的困難，必須將LHX用於彌補當前陸軍在偵查能力缺陷的作用，列為第一優先。並指示在LHX計劃需求中，更加強調偵查與攻擊方面的能力。

傳統直升機構型出線

除了作戰需求文件外，另一份重要文件——一九八五年展開的備案選擇分析（Analysis of Alternatives, AOA）研究報告，也在一九八七年三月完成。相較於用

註三：美軍從美國本土跨大西洋抵達歐洲的飛行轉場航線有南、北兩條：北方航線：經加拿大鵝灣（Goose Bay）、伊奎特（Iqaluit）、巴芬島、格林蘭的南倫斯特（Sondrestrom）、冰島雷克雅維克、蘇格蘭普雷斯蒂克（Prestwick）再到德國。南方航線：繞經亞速群島（Azores），再飛抵歐洲大陸。北方航線的中繼地點多、航程較短，對飛機續航力要求相對較低，但冬季時氣候不佳，經常會因氣候問題而停飛。南方航線的中繼轉場地點較少、航程也更長，對飛機續航力的要求相當高，但氣候條件相對較佳，全年均可通航。

於確認LHX關鍵性能需求規格的作戰需求文件（ORD），備案選擇分析（AOA）的目的，則在於探討替換現役AH-1、OH-58A/C與UH-1等輕型直升機隊、最具成本與作戰性能效益的機種組成選擇方案。

備案選擇分析（AOA）研究廣泛考慮了包括威脅、作戰部署、後勤、人機介面、訓練與成本等作戰與支援需求的每個面向，並將LHX計劃下所發展的新機型、現役機型與基於現役機型的改良型都納入分析，最後提出四種機種組合選擇方案：

◆選擇方案一：現役機型的改進——由AH-1+搭配OH-58A/C+與UH-1+（「+」代表擁有改進的可靠性、可用性、可維護性與安全性）。

◆選擇方案二：新、舊機型的混合搭配——AH-64+搭配OH-58C+與UH-60+（「+」代表擁有改進的作戰能力）。

◆選擇方案三：全新機型——直升機構型的LHX偵搜、攻擊型與通用型。

◆選擇方案四：全新機型——傾旋翼機構型的LHX偵搜、攻擊型與通用型。

四種方案都是按照當時「空陸戰」準則，聚焦於在歐洲戰場對抗華沙公約組織的中等強度作戰情境，也考慮了在東南亞戰場對抗次級蘇聯裝備的作戰情境。

備案選擇分析（AOA）研究報告的結論認為，現役機型的升級型並不經濟，要將這些舊機型升級到足以滿足LHX性能需求的程度，所需花費相當高，可說是得不償失，反倒不如開發全新機型，因此方案一與方案二便遭到淘汰。

至於方案三與方案四的先進直升機與傾旋翼機，在生存性、可部署性、可支援性、持續性與持有成本等關鍵領域，都能提供較現役機型明顯改善的效能。不過考慮到傾旋翼機在技術可行性與發展成本上較高的風險，研究報告建議採用方案三，也就是發展一種採用先進技術的直升機。

儘管美國陸軍在備案選擇分析研究報告中，提出了發展先進型傳統直升機的建議，但未能完全說服國防部高層，國防部長辦公室（OSD）認為陸軍對LHX備選方案的研究仍不夠充分，在備案選擇分析研究報告提出後一個月，要求由其他單位另外進行獨立的分析，藉以檢驗陸軍的分析結果。於是蘭德公司（RAND）與國防分析協會（Institute for Defense Analysis, IDA）便在國防部委託下，針對LHX議題另行展開獨立分析，對陸軍提出的四種LHX選擇方案展開更進一步的評估。

最後蘭德公司的研究得出了與陸軍相同的結論，確認發展先進型傳統直升機是最佳的選擇，不僅作戰效益最高，同時還擁有最低的二十年壽期循環成本（lifecycle cost）。

到了這個階段，情況已經十分明朗，LHX計劃接下來的發展將聚焦於傳統構型的直升機上，而非傾旋翼機或複合推進等非傳統構型，不過傾旋翼機的支持者們仍不放棄，批評陸軍選擇傳統直升機構型的決定缺乏遠見，他們認為傾旋翼機固然有技術風險與成本上的疑慮，但發展潛力明顯勝過傳統直升機，擁有遠大於傳統直升機的飛行包絡範圍。

但按照蘭德公司的看法，美國陸軍雖

■ 美國陸軍在一九八七年時正式確認LHX計劃的需求規格，並確定了將採用傳統直升機構型，圖為麥道－貝爾團隊的LHX概念設計想像圖。

應持續追蹤傾旋翼機的發展，但此時傾旋翼機的技術成熟度，尚不適合應用到LHX計畫上。

另一方面，美國陸軍從稍早的一九八三年起，便在聯合實驗垂直起降飛機（Joint-service Vertical take-off/landing Experimental, JVX）計劃下，和美國海軍陸戰隊、海軍與空軍一同發展同樣採用傾旋翼的V-22，若LHX計劃也跟進採用傾旋翼這種全新技術，顯然也有技術風險過高的疑慮，一旦傾旋翼機發展出現難以克服的技術障礙，便將同時影響到LHX與JVX兩項計劃，因此讓LHX計劃避開傾旋翼構型，改回傳統直升機設計，顯然也是較穩妥的做法（後來美國陸軍在一九八八年退出V-22發展計劃，只剩其餘軍種支持發展）。

關鍵轉折——限縮發展目標與簡化時程

當美國陸軍對LHX計劃的發展規劃逐漸得到國防部的認可，即將進入具體研發階段的前夕，卻又在國會遇到麻煩。一九八七年初當國會開始討論新年度預算案時，陸軍的LHX計劃成了議員們質疑的目標，多位議員都懷疑發展新機型的必要性。

為了確保LHX計劃的研發預算，美國陸軍在一九八八財年預算中，犧牲了採購阿帕契與黑鷹直升機的部份經費。然而相較於LHX這種全新開發機型，許多議員都更支持採購已發展完成的阿帕契與黑鷹，擁有龐大影響力的眾議院武裝部隊委員會關鍵成員，如共和黨的迪克森（William Dickinson）等人，便強烈質疑陸軍寧可削減原先編列的阿帕契與黑鷹直升機採購數量，以便為LHX計劃挪出撥款額度的做法。以致在後來通過的一九八八財年預算

■ 美國陸軍內部部份人士十分熱中於傾旋翼機這種新概念機型，積極推動在LHX計劃中應用傾旋翼技術，但基於成本與風險考量，美國陸軍在一九八七年時正式確認LHX將採用傳統直升機構型，放棄應用傾旋翼或複合推進等新奇技術的構想。圖為貝爾公司提出的一種傾旋翼構型LHX設計案。

■ 美國陸軍在一九八七年決定LHX計劃不採用傾旋翼構型的另一個理由，是當時陸軍已在聯合實驗垂直起降飛機計劃下，與海軍陸戰隊、海軍與空軍一同發展V-22傾旋翼機，若讓JVX與LHX兩項大型計劃同時採用傾旋翼這種全新設計，將帶來非常大的技術風險，一旦傾旋翼技術出現任何難以克服的技術問題，便將同時衝擊兩個計劃。於是讓LHX採用傳統直升機構型，是更穩妥的做法。上圖為一九八〇年代初期一種供美國陸軍使用的突擊型V-22想像圖，在機頭設置了50機槍與刺針飛彈發射器等自衛武裝，不過隨著美國陸軍在一九八八年退出計劃，這種V-22突擊型也就無疾而終。

中，美國陸軍為LHX計劃提出的兩億六千七百萬美元經費需求，最後只得到七千萬美元，被大幅削減了四分之三。

取消LHX通用型

眾議院對LHX計劃所作的預算削減，連帶也影響到一九八八年一月國防部針對陸軍航空現代化計劃（Aviation Modernization plan）所進行的國防系統採購審查委員會審查。這次審查是由負責系統獲得的國防部助理部長科斯特洛（Robert Costello）主持，目的在於審查當時LHX計劃的進展情形，並討論飽受國會質疑的陸軍航空現代化計劃。國防系統採購審查委員會討論的結果顯示，以當時與日後預期可獲得的預算來看，陸軍將無法繼續支持LHX計劃。

最大的障礙還是在於老問題：「錢」，文雅的正式說法是「經濟上的可承受性」（affordable）。隨著財政赤字的不斷升高，雷根政府此時已難再像一九八〇年代初期般，幾近無限制的支持大型國防計劃，雪上加霜的是，在審查LHX計劃的兩個多月前（一九八七年十月十九日），華爾街爆發史上最嚴重股票崩盤，史稱「黑色星期一」事件，嚴重衝擊了LHX計劃的審查作業。當時的國防部副部長塔夫托（William Taft）在他簽署的獲得決策備忘錄（Acquisition Decision Memorandum, ADM）中，便明白向陸軍表示：「LHX不再是個可承擔的計劃」，要求陸軍重新調整計劃方向，優先發展一種低成本的輕型斥候／攻擊直升機。

國防部要求陸軍的LHX計劃經理，在一九八八年夏天前完成里程碑I審查所需的必要準備，並要求擬定一個較為「簡樸」的展示與驗證階段規劃（也就是提出較省錢的規劃案），同時在任務設備套件的發展上，也更加強調降低風險的工作。由於國防部副部長塔夫托已經從主要國防系統採購計劃中刪去了LHX通用型（LHX-U）項目，於是陸軍企圖在LHX計劃中發展一個同時包含偵查／攻擊型與通用型在內的直升機家族構想，至此也正式宣告中止，改為集中發展一款斥候／攻擊機型。

就當時美國陸軍的直升機機隊情況來說，獲得新型斥候直升機的迫切性更高。考慮到新型的黑鷹直升機正大量進入陸軍服役，已能相當程度的滿足陸軍的通用直升機需求，替換UH-1的需求顯得較不急迫。儘管將八、九噸級的黑鷹用在一些小任務上並不經濟，仍無法完全取代四噸級

■ 兩組競標團隊的LHX通用型（LHX-U）想像圖，上為麥道－貝爾「超級隊」的LHX-U設計案，下為波音－塞科斯基「第一隊」的LHX-U設計案。兩種LHX-U設計案都採用與各自團隊LHX-SCAT相同的動力系統與任務航電核心，但擁有不同的機身設計與任務航電次系統。不過到一九八八年以後，LHX-U就因節省經費之故而遭到刪除，只剩下LHX-SCAT繼續發展。

的UH-1角色，不過陸軍畢竟已有黑鷹這一種新型通用直升機可用，暫不急於發展另一種較小的新型通用直升機。

相較下，美國陸軍既有的OH-6與OH-58A/C等斥候直升機，性能已明顯落後於時代要求，在陸軍直升機改進計劃（AHIP）下發展的OH-58D，也只被視為一種過渡方案，性能與陸軍理想中的斥候直升機仍有相當大的差距，數量也明顯不足。

因此在預算限制下無法同時兼顧LHX-SCAT型與LHX-U型的發展時，犧牲LHX-U型顯然是較能接受的選擇，為此美國陸軍在一九八八年時還曾打算停止OH-58D後續批次的改裝計劃，以集中資源發展LHX-SCAT（不過後來國會主動撥款要求陸軍繼續採購OH-58D）。

但LHX-U型的取消，也讓美國陸軍自此之後長期缺乏替代UH-1家族的輕型通用直升機，導致機種結構與任務分派上存在缺漏，直到二十年後（二〇〇七年）引進歐洲廠商設計的UH-72後，才解決這個問題。

隨著一九八八年初國防部對LHX計劃做出的重要政策調整，陸軍的LHX計劃官員隨即調整了計劃目標，新的計劃更加強調透過對任務設備套件架構較佳的定義，以及對於任務設備套件的關鍵元件（如目標搜獲系統（TAS）、第二代前視紅外線（FLIR）焦平面陣列、高解析度TV感測器等）的性能驗證要求，來強化承包商的降低風險工作。

■ 一九八八年取消發展LHX通用型（LHX-U）型的決策，深深影響了接下來二十年的美國陸軍航空隊機隊結構，讓美國陸軍長期缺乏替代UH-1家族的四噸級輕型通用直升機，只能以九噸級的UH-60黑鷹獨挑大樑，在許多情況下不僅不經濟，也導致機種結構與任務分派上存在缺漏，直到二十年後（二〇〇七年）引進歐洲廠商設計的UH-72後（商規EC-145衍生型），才終於解決這個問題。上為編隊飛行中的UH-60A黑鷹直升機，下為三架編隊飛行的醫護型UH-72A。

除了取消LHX通用型之外，出於節省預算的考量，美國陸軍也做出了簡化LHX發展程序的重大調整，大幅縮減了展示與驗證階段的時程與工作內容，取消了原型機對比競爭試飛程序，預定授予兩組競標團隊為期僅十八個月展示與驗證階段的合約（稍後延長為二十三個月），工作內容也改為只須提交預備設計案、用於審查的機體全尺寸模型，以及包括傳動與飛控系統在內的主要元件，不再需要建造實際試飛用展示與確驗證段的原型機。

雖然無需進行原型機試飛，兩組競標團隊在展示與驗證階段還是需要對設計提案與關鍵系統性能進行驗證、測試與模擬。在展示與驗證階段的尾聲，陸軍將選出一組獲勝團隊進入為期六十九個月的全尺寸發展階段。

啟動開發競爭

LHX計劃成功在一九八八年六月通過里程碑I審查，美國陸軍隨即在六月二十一日發出LHX計劃的提案徵求書，並在稍後的一九八八年十一月，與波音—塞科斯基的「第一隊」與麥道—貝爾的「超級隊」等兩組團隊，分別簽訂價值一億六千七百一十萬與一億六千七百八十萬美元的成本附加固定費用合約。

接下來美國陸軍預定於一九九〇年十

二月完成決定獲勝團隊的選商與DAB里程碑II審查，然後於一九九三年八月進行原型機首飛，並於一九九六年十一月達到初始作戰能力（IOC）。估計的總研發成本為三十三億美元（一九八九財年幣值），以削減到兩千零九十六架的量產規模為基準，預期量產總經費需求超過兩百四十億美元。不過隨著通用型的取消，與總產量的降低，LHX的預期單位飛離成本也跟著攀升到七百五十萬美元。

對於重組後的LHX發展與陸軍航空現代化計劃，國會也表示了支持，核准了美國陸軍在一九八九財年預算中為LHX計劃編列的全部一億兩千五百萬美元經費，讓LHX計劃得以順利進入下一個階段。

LHX計劃的要角：美國四大直升機製造商沿革

從LHX計劃展開到後來RAH-66卡曼契直升機研製過程的二十多年間，美國的直升機產業曾經歷過數次大規模整併，以致LHX/RAH-66的承包廠商組成發生過多次異動，為便於讀者理解，以下我們簡單介紹相關廠商的發展沿革：

貝爾直升機公司

貝爾直升機．德克斯壯公司（Bell Helicopter Textron）源自一九三五年成立的貝爾飛機公司，早期業務是以研製戰鬥機為主，除了二戰中大量軍援蘇聯的P-39眼鏡蛇之外，美國最早的噴射戰機XP-59與史上最早突破音速的X-1火箭實驗機都是該公司產品，貝爾從一九四〇年代初期開始研發直升機，此後便以直升機為核心業務。

一九六〇年德克斯壯集團（Textron）併購了貝爾飛機公司的所有國防業務單位，並將其改組為貝爾航太公司（Bell Aerospace）。貝爾航太下轄包括直升機部門在內的三個部門，不過此時只剩直升機分部仍保有建造完整飛機的業務，稍後貝爾航太的直升機分部又改組為貝爾直升機（Bell Helicopter）公司，由於越戰帶來的UH-1家族銷售榮景，貝爾直升機也成為德克斯壯集團旗下最大的部門。後來到了一九七六年一月，貝爾直升機再次更名為貝爾直升機德克斯壯（Bell Helicopter Textron）。從一九八二年一月起，貝爾直升機又從原先德克斯壯集團所屬未併合（unincorporated）部門，轉為完全所有的子公司（subsidiary）。

■ UH-1休伊（Huey）是貝爾公司歷史上最重要、也最具代表性的直升機產品，照片為一九六六年時貝爾公司位於德州的UH-1生產線。

波音—弗托公司

波音—弗托公司的前身，是一九四〇年成立的帕塞斯基直升機公司（Piasecki Helicopter），也是美國最早的專業直升機公司之一，以研製縱列雙旋翼直升機著稱，這也成為這家公司最大的特色。當創辦人法蘭克・帕塞斯基（Frank Piasecki）於一九五五年遭董事會逐出公司後，其餘股東將公司改組為弗托飛機公司（Vertol Aircraft），新名字取自垂直起降（VERtical Take-Off and Landing）一詞的縮寫。

後來弗托在一九六〇年為波音併購後，改稱波音—弗托（Boeing Vertol）（正式名稱是波音公司弗托分部），一九八七年時又改組為波音直升機公司（Boeing Helicopter），稍後改稱波音旋翼系統公司（Boeing Rotorcraft Systems）。經過二〇〇二年波音集團的大重組後，波音旋翼系統被歸到波音的整合防衛系統（Integrated Defense Systems, IDS）集團下，隨著IDS集團改稱波音防衛太空與安全（Boeing Defense, Space & Security）集團，波音旋翼系統現在也改為該集團下的波音軍用飛機（Boeing Military Aircraft）事業群所屬機動分部（Mobility Division）。

■ 自前身帕塞斯基公司時期起，經過後來的弗托、波音—弗托公司到波音旋翼系統公司，一直都是世界上最重要的縱列雙旋翼直升機製造商，從早期的H-21系列，到CH-46與CH-47系列，都是該公司著名的縱列雙旋翼直升機產品。照片為波音位於賓州雷德利帕克（Ridley Park）的CH-47生產線。

休斯直升機公司

休斯直升機公司源自一九四七年成立的休斯飛機公司（Hughes Aircraft），早期業務是以研製固定翼機為主，後來從Kellett Autogiro公司取得新型直升機設計後，開始推動直升機業務。但休斯飛機最初的直升機產品XH-17並不成功，創辦人霍華・休斯（Howard Hughes）於一九五五年將直升機業務從休斯飛機公司剝離，併入休斯工具公司（Hughes Tool）旗下、成為休斯工具公司飛機部門（Hughes Tool Co. Aircraft Division），專門負責研製輕型直升機，並從一九五〇年代後期開始取得商業上的成功。

霍華・休斯於一九七二年出售了休斯工具公司的工具部門，剩餘部份併入他擁有的Summa公司，於是原先的休斯工具直升機部門也就成為Summa公司休斯直升機部門（Hughes Helicopter）。一九八四年一月Summa又將休斯直升機出售給麥道公司，一九八四年九月起改稱麥道直升機系統（McDonnell Douglas Helicopter Systems）。

後來當一九九七年八月波音併購麥道後，麥道直升機系統也被整併到波音直升機公司旗下，不過波音只保留麥道直升機位於亞歷桑那梅薩（Mesa）的軍用直升機生產線，至於麥道原有的民用機生產線，波音原本打算在一九九八年轉售給貝爾直升機公司，不過由於這可能造成貝爾壟斷輕型直升機市場，以致遭到聯邦貿易委員會（FTC）的反對，最後於一九九九年改為轉售給荷蘭RDM集團新成立的MD直升機公司（注意這家MD公司的「MD」並不是指先前的麥道，MD主要代表該公司接收的MD系列直升機生產線）。

至於併入波音後的麥道直升機公司，一開始是併到波音直升機之下，也就是先前的波音—弗托，這也讓波音直升機公司旗下除了源自弗托公司、用於生產CH-47的賓州生產線之外，又多了一條源自休斯與麥道公司，用於生產AH-64的亞利桑那梅薩生產線。不過隨著波音集團的改組，這兩個部份已被分拆到波音不同部門，目前研製AH-64的亞利桑那梅薩廠隸屬於波音軍用飛機事業群的全球打擊分部（Global Strike Division）。

塞科斯基飛機公司

塞科斯機公司最早可追溯到伊格爾·塞科斯基（Igor Sikorsky）一九二三年成立的塞科斯機航空工程公司（Sikorsky Aero Engineering），一九二五年改為塞科斯基製造公司（Sikorsky Manufacturing），一九二九年七月併入由波音飛機、波音航空運輸（含太平洋航空運輸）、錢斯·沃特（Chance Vought）、普惠、漢彌爾頓（Hamilton）等航空製造與運輸商組成的聯合飛機與運輸公司（United Aircraft and Transport, UAT），成為UAT旗下一個部門（division），並改稱為塞科斯基航空（Sikorsky Aviation），此時該公司的業務，是以研製多發動機飛機與水陸兩用飛機為主。

由於一九三四年通過的航空郵遞法案，禁止單一公司同時經營航空運輸與飛機製造業務，於是UAT被拆分為三家獨立公司，其中航空運輸部份獨立成為聯合航空公司（United Airlines），航空製造部份則以密西西比河為界，以西部份併入獨立的波音飛機公司，以東部份則改組為下轄塞科斯基、沃特、普惠、漢彌爾頓等分部的聯合飛機公司（United Aircraft, UAC）。

■ 研製與生產AH-64攻擊直升機的休斯直升機Mesa生產線，先為麥道公司併購，後又併入波音集團，目前屬於波音防衛太空與安全集團下的波音軍用飛機事業群一部份。

到了一九三〇年代後期，儘管伊格爾·塞科斯基本人十分反對，但聯合飛機公司仍將塞科斯基與沃特合併為沃特－塞科斯基（Vought-Sikorsky）公司（雖然主要發展的機型不同，但兩家公司原先的業務都是研製固定翼飛機）。在沃特－塞科斯基時期，伊格爾·塞科斯基開始將重心轉向直升機研發，並在直升機領域大獲成功。接下來由於沃特公司於一九五四年從聯合飛機公司中分離成為獨立公司，於是留在聯合飛機公司內的塞科斯基，也再次獲得了獨立身份，並更名為塞科斯基飛機公司（Sikorsky Aircraft）。但由於有著一段與沃特合併的歷史，所以塞科斯基在一九四〇年代開發的幾款直升機，都採用代表「沃特－塞科斯基」的「VS」字首內部編號，一九五四年以後發展的機型，才又恢復為使用該公司在一九三〇年代中期以前使用的S開頭編號。

接下來塞科斯基一直留在聯合飛機公司旗下，後來在一九七五年時，聯合飛機公司改稱聯合技術公司（United Technologies, UTC），故塞科斯基的公司標誌中便帶有聯合技術公司的字樣。一九九五年一月起又從聯合飛機公司分部改組為獨立的子公司。

雖然塞科斯基是全世界營業額最高的直升機製造商之一，但是到了二〇一〇年代以後，受到最大的客戶——美國陸軍逐漸縮減採購需求的影響，塞科斯基開始面臨營利降低的問題，母集團開始考慮將塞科斯基售出，最後在二〇一五年七月二十日宣佈將以九十億美元售予洛克希德·馬丁，這項併購案在二〇一五年十一月六日正式完成，此後塞科斯基便成為洛馬集團旗下的一家子公司。

■ 塞科斯基最重要的產品是黑鷹／海鷹直升機家族，照片為塞科斯基位於康乃狄克州斯特拉特福（Stratford）的黑鷹／海鷹直升機生產線。

Chapter 4
第四章 原型設計的成形

經過一九八七年的重大政策調整後，以發展新一代偵搜攻擊直升機為目的的實驗輕型直升機計劃（LHX），在一九八八年邁入了新階段。

先是在一九八八年六月通過國防系統採購審查委員會里程碑I審查，讓LHX計劃得以從概念探索與定義階段，正式進入展示與確認階段。稍後在同年十一月，美國陸軍又與波音－塞科斯基兩家公司組成的「第一隊」與麥道－貝爾組成的「超級隊」等兩組團隊，分別簽訂價值一億六千七百一十萬與一億六千七百八十萬美元的成本附加固定費用合約，開始了具體的設計競標作業。

第一隊vs. 超級隊——美國直升機產業精華大對決

第一隊與超級隊在LHX計劃展示與驗證階段的競爭，可說是美國直升機產業的一次大對決，雙方都是當時陸軍直升機的主要供應商。

組成第一隊的波音與塞科斯基，分別是當時陸軍主力載重運輸直升機CH-47契努克，與中型通用直升機UH-60黑鷹的承包商；而組成超級隊的麥道與貝爾，則分別是AH-64阿帕契攻擊直升機，以及UH-1休伊與AH-1眼鏡蛇家族直升機的製造商。兩組團隊都是美國直升機產業的精華，技術上各有長短優劣，一般來說，超級隊在四、五噸以下的輕型直升機，以及斥候、攻擊直升機領域的經驗較豐富，但第一隊在無軸承剛性旋翼、直升機線傳飛控系統（Fly-By-Wire, FBW）等某些先進技術領域，則有更長久的研發與應用歷史。

同中存異的設計取向

儘管兩組團隊的技術基礎與設計構想各有不同，但由於面對了相同需求，兩組團隊的設計也具備了許多共通特色。

首先是基於共同的動力系統，美國陸軍早在一九八四年中，便指定LHX將以規劃中功率1,200～1,300shp等級的T800渦輪軸發動機。作為動力來源，並於一九八八年十月宣佈由艾利森與蓋瑞特合組的LHTEC公司贏得T800發動機發展合約，要求LHTEC以其贏得競標的T800-LHT-800為基礎，發展供LHX使用的T800-LHT-801發動機。

其次在旋翼系統方面，兩組團隊也採用了類似的型式。LHX採用的旋翼型式，是由其任務型態所設定的飛行包絡範圍需求所決定。高速、敏捷的飛行性能，是美國陸軍對LHX的基本要求，但所謂的「高速」是多高的速度，在LHX計劃初期是個充滿爭議、以致長期懸而未決的問題。美

■ 由於美國陸軍指定了LHX的發動機型式，並要求以傳統直升機構型做為設計基準，因此兩組LHX競標團隊採用了相近的動力系統與主旋翼型式，例如都以兩具T800渦輪軸發動機做為動力來源，主旋翼也都是無軸承式設計。上為LHTEC公司的T800發動機，是合組LHTEC公司的艾利森與蓋瑞特合作發展的新一代中等功率渦輪軸發動機，下為波音／塞科斯基「第一隊」的無軸承主旋翼，無軸承主旋翼是當前最進步的旋翼型式。

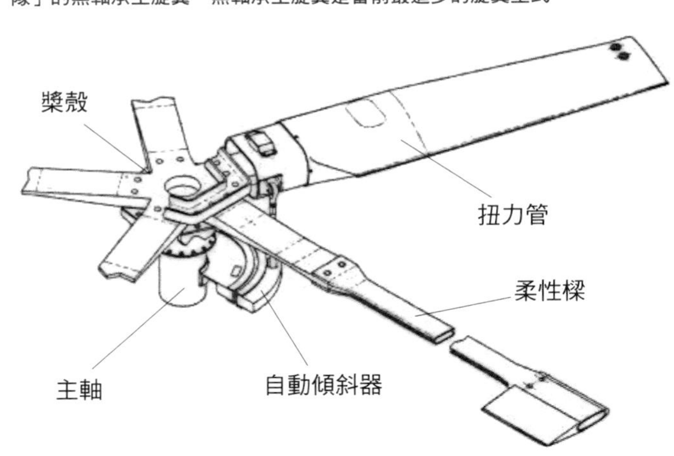

國陸軍曾評估了從一百六十節到三百節以上的航速需求，以及用於滿足不同航速需求的各式各樣旋翼構型，最後的結論是：

High-speed rotor design is the direct result of extensive wind tunnel R&D and experience with Model 360 Technology Demonstrator, which has all-composite rotor system and has flown at over 200 knots.

Composite rotor blades are light, tough, ballistically tolerant, with low acoustic signature. Based on experience building over 8,000 composite blades.

Small, compact airframe reduces detectability against any threat on the AirLand battlefield, while enhancing nap-of-earth operations.

Low-infrared-signature engine exhaust system.

High-efficiency fan-in-fin anti-torque system, with low acoustic and radar signatures, exceeds safety and servicing requirements.

Advanced cockpit embodies latest man/machine interface technologies for integrating pilot, gunner/navigator and aircraft to form a highly effective weapon system.

Weapon stations are retractable for signature control and low drag. Can be quickly reloaded with reduced manpower.

Composite airframe: light, tough, less detectable and ballistically tolerant with easier battle damage repair. Based on experience with the V-22 and Model 360 composite airframes and ACAP all-composite helicopter.

Crashworthy design of airframe, landing gear and crew seats for walk-away safety. Based on extensive aircraft design and flight experience with ACAP and Model 360.

■ Bearingless Main Rotor

LHX不需要超過傳統直升機的速度，於一九八五年表示無需應用非傳統直升機構型，最後於一九八七年確認基本航速需求是一百七十節。

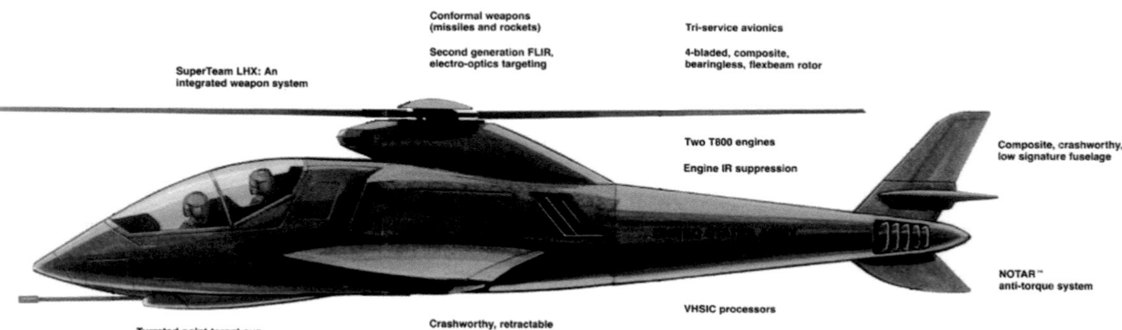

■ 儘管技術基礎與設計取向有所不同，不過由於面臨了相同需求，兩組LHX競標團隊提出的設計也擁有許多共通特性。圖為兩組LHX競標團隊一九八九年中發表的構型概念想像圖，上為波音／塞科斯基「第一隊」的概念設計案，下為麥道／貝爾「超級隊」的設計案，清楚呈現了兩組團隊的設計特徵。
兩組團隊同樣都選擇了傳統的單主旋翼直升機構型，並以兩具T800渦輪軸發動機做為動力來源，最大差異在於主旋翼反扭力系統不同，第一隊採用了導管風扇，超級隊則採用麥道公司專利的無尾旋翼系統。

衡量了技術、成本與開發時程等方面的風險後，傳統直升機顯然是滿足前述航速需求設定的最佳構型選擇，因此兩組團隊都選擇了單主旋翼+機尾反扭力系統的傳統直升機構型，並同樣採用了擁有操控反應敏銳、機構簡單、維護容易等特性的全複合材料剛性（rigid）無軸承主旋翼（Bearingless Main Rotor, BMR）槳轂技術，搭配具較佳耐腐蝕性與耐久性的複合材料先進翼剖面葉片。

由於美國陸軍特別要求LHX的主旋翼反扭力（Anti-Torque）系統，需擁有較傳統尾旋翼更好的保護，因此兩組團隊都採用了非傳統的機尾反扭力系統設計，第一隊採用的是機尾導管風扇，超級隊則採用麥道公司專利的無尾旋翼系統。

比起傳統尾旋翼，導管風扇與無尾旋翼系統不僅具備較佳的抗損防護能力，可允許直升機更靠近地物地貌飛行或懸停，而不用擔心反扭力機構受損，而且震動與噪音都更小，有助於提高直升機平臺的穩定性，並減少因噪音而被發現的機率。

在機身構型方面，美國陸軍最初曾對單座構型充滿興趣，但與LHX計劃同步展開的先進旋翼機技術整合（ARTI）計劃，已得出雙座構型才能充分因應低空匍匐飛行，並兼顧執行攻擊、斥候任務需求的結論，因此LHX最後仍是回歸傳統的雙座設計。基於降低機體正面截面的考量，縱列雙座構型成了兩組團隊共通的選擇。

不過LHX與以往斥候或攻擊直升機最大的差異，還是在於低可觀測性需求。陸軍要求盡可能降低LHX在雷達、紅外線、光學與聲音噪訊等四個方面的可觀測訊跡，因此兩家廠商在機身構型上都考慮了減少雷達截面積的要求，採用了內置彈艙與可折收式起落架等設計，甚至還有將機砲砲管收進機身內的機構，以便維持機體外表光滑，藉以控制機體雷達訊跡，並整合了兼具抑制噪音與紅外線訊跡效果的發動機排氣機構。

另外兩組團隊也都採用了全複合材料機身，先前的先進複合材料機體計畫中，貝爾與塞科斯基建造的D292與S-75全複合材料試驗機，已成功達到甚至部份超越了美國陸軍定出的目標（減少百分之二十二重量、百分之十七成本與十五分貝的雷達截面積），因此LHX計劃也將採用類似的全複合材料機體，藉以取得在降低重量、成本與雷達訊跡方面的利益。

不過比起旋翼系統或機體構型的發展，在為期二十三個月的LHX展示與驗證階段中，更大的作業比重是放在包括任務電腦、航電、光電標定系統在內的任務設備套件發展上。

展示與驗證階段重點作業——任務設備套件（MEP）的發展

由於美國陸軍缺乏建造完整LHX原型機的經費，故LHX計劃在展示與驗證（Dem/Val）階段中，並不包含建造原型機實際試飛的規劃，在選出獲勝團隊進入全尺寸發展階段之前，只有任務設備套件的個別關鍵元件會進行實測，對完整系統的測試驗證則改以模擬來代替，而在缺少完整原型機的情況下，這也大幅增加了兩組團隊在系統模擬測試作業方面的壓力。

不過也因為在這階段只有任務設備套件核心元件會進行實測，所以美國陸軍把展示與驗證階段百分之八十的經費都用在任務設備套件的發展上。

事實上，LHX計劃可說是史上在航電方面投入比重最大的一項直升機開發案。按美國陸軍的設定，在LHX的七千五百萬美元飛離成本與七千三百磅空重中，有將近一半的費用與百分之十五重量（約一千零九十五磅），都將分派給航電設備使

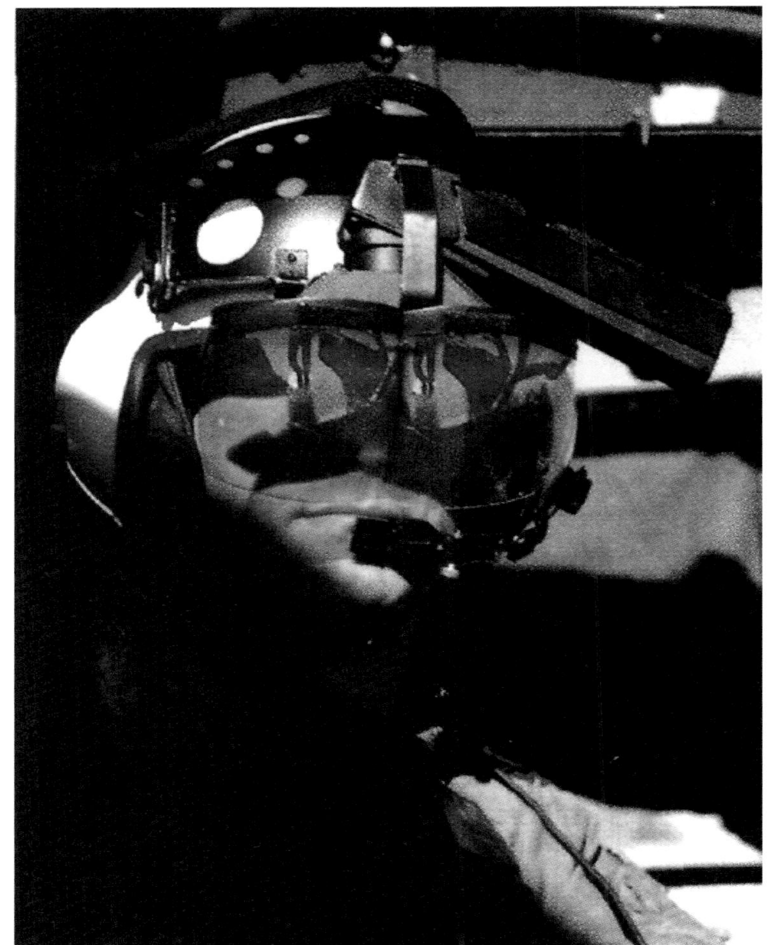

■ 在經費限制下，LHX計劃在展示與驗證階段省略了原型機試飛實測，把重點放在任務航電系統的實測上，其中頭盔顯示器與夜視系統的整合是重點之一。照片為休斯與漢寧威為超級隊發展的頭盔顯示器原型。

用，比重之高遠超過以往的任何直升機開發計畫。

要實現美國陸軍為LHX設定的任務需求，特別是必須在包括完全夜暗環境在內的全天候條件下，以高速貼地匍匐飛行來執行任務，這完全有賴於新一代電子科技的支持，才有實現的可能，包括全新的飛控系統、導航系統，以及應用在飛行員夜視與目標搜獲／標定系統上、結合了紅外線熱影像與高解析度電視等多種感測器的感測器資訊融合與顯示技術。此外，LHX還將率先採用高度整合的全玻璃化座艙、廣角頭盔顯示器，彩色數位移動地圖等當時軍用直升機領域前所未見的新技術，藉以改善飛行員在低空複雜環境下的操作效率。

但也因為LHX將配備功能、性能與複雜性都遠高於先前任何直升機的新一代航電系統，如何將符合美國陸軍要求的航電設備，塞到僅略大於小卡車的LHX機體內，對競標團隊來說也是個相當大的挑戰。這不僅要求將電子與光學技術發揮到極限，也促使開發團隊們去尋求創新的航電安裝方式。

按美國陸軍規劃，在展示與驗證（Dem/Val）階段必須實測的關鍵任務設備套件元件包括這三個部份：

(1)任務電腦：兩組競標團隊必須測試與驗證以超高速積體電路（VHSIC）技術為基礎、包含所有功能模組、且能符合實際安裝空間需求的任務電腦。

(2)夜視導航系統（Night Vision Pilotage System, NVPS）：對預定採用的夜視系統元件與次系統進行實驗室測試，競標團隊必須展示與整合包含了紅外線焦平面陣列感測器、電視攝影機與頭盔顯示器在內的夜視系統轉塔／感測器／顯示套件。

(3)目標搜獲系統（Target Acquisition System, TAS）：競標團隊必須展示他們的設計案能否符合陸軍需求，特別是在如何處理高速飛行時的廣角搜索與影像顯示，以及目標識別等方面的問題。

■ 為改善飛行員在低空複雜環境下的操作效率，高度整合的座艙介面是LHX計劃的發展重點之一，將引進全玻璃化座艙，廣角頭盔顯示器，以及彩色移動地圖等新技術。圖為第一隊的LHX座艙概念，這些技術對二十一世紀的今日來說雖然不稀奇，但在一九八〇年代中期卻是一大創舉。

■ LHX的任務設備套件除了必須滿足功能要求外，還須滿足嚴苛的尺寸、重量與維護便利性要求，這對一九八〇年代的電子技術來說是一大挑戰，事實上，LHX後來的任務設備套件發展便一直受到超重問題所苦。圖為第一隊的航電艙概念，將航電設備以模組化型式集中安裝於機身後方的航電艙中，以便於維護。

■ 如同同一時期進行的ATF戰鬥機與ATA攻擊機開發計劃，LHX計劃亦要求採用以超高速積體電路為基礎的任務電腦，以便突破舊有電子技術在運算效能、重量與冷卻需求上的限制。照片為波音發展的一種VHSIC整合處理器。

第一隊的LHX概念設計

第一隊的組成時間要比競爭對手超級隊早了近十個月，團隊核心是一九八五年六月達成合作協議的波音與塞科斯基兩家廠商，分別負責機體、旋翼與飛控系統設計。至於包括任務電腦、航電、光電標定系統在內的任務設備套件（MEP），則由波音負責帶領馬丁·馬里塔（Martin Marietta）、西屋（Westinghouse）、TRW等次承包商共同研發（註一），波音還新建了一個系統整合廠房，專供LHX與ATF計劃使用（波音同時期也正在執行美國空軍的先進戰術戰機（ATF）計劃）。

註一：第一隊的任務設備套件發展分工如下：

波音——由波音的威塔基（Wichita）軍用飛機廠，負責領導任務設備套件的發展與整合。

馬丁·馬里塔——負責提供目標搜獲與標定系統，以及飛行員夜視系統。

西屋——提供VHSIC任務電腦與飛機生存設備，並與馬丁·馬里塔合作發展光電系統元件。

TRW——承擔自衛電子戰系統，以及信號與資料處理器的開發。

漢彌爾頓·標準（Hamilton Standard）——與Kaiser電子公司共同合作發展頭盔顯示器。

柯林斯航電（Collins）——與TRW合作發展整合通信／導航／識別（ICNI）系統。

哈里斯（Harris）——光纖控制、資料匯流排、數位移動地圖／地形資料庫技術，以及VHSIC技術。

IBM——負責提供VHSIC處理器。

第一隊的初期概念設計

組成競標團隊後，第一隊在一九八六至一九八七年間，陸續對外發佈該團隊的第一批LHX概念設計想像圖，這些概念構型雖與日後正式展示與驗證階段的設計案存在不少差異，但亦具備許多共通的基本特徵，已能顯示出開發團隊的基本構想與設計取向。

第一隊早期發佈的概念設計想像圖顯示，該團隊的LHX設計案將採用由無軸承剛性主旋翼，搭配機尾導管風扇組成的旋翼系統，機身採傳統的縱列雙座構型，座艙罩為視野極佳的無框式設計，後座座艙下方的機腹設有一座20mm機砲砲塔，兩具T800渦輪軸發動機並排安置在機身中段、稍高於座艙頂部的位置。發動機艙下方的機身中段兩側，則設有可容納內置式武器艙的突出結構，作為主旋翼反扭力系統的導管風扇設置在尾衍末端，並與獨特的V型安定面構造融為一體。

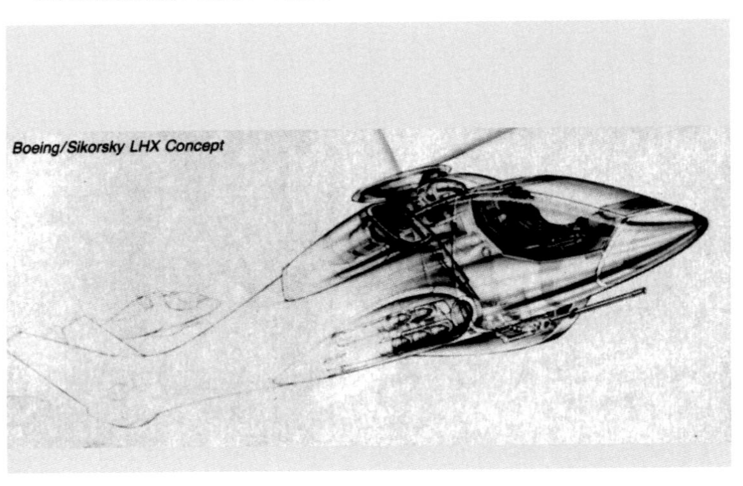

■ 波音／塞科斯基「第一隊」的早期LHX概念設計，上為雙座型，下為單座型。可見到機尾的導管風扇結合V型的安定面設計，機腹設有一座機砲砲塔，機身兩側突出的鰭狀整流罩結構內，則設有內置式彈艙，座艙罩為視野極佳的無框式。

第一隊的兩家主承包商——塞科斯基與波音——都擁有無軸承剛性主旋翼（槳轂）技術，但一直到一九八九年初為止，該團隊都未向外揭露到底他們打算在LHX上應用哪一家廠商的無軸承旋翼技術。

第一隊的無軸承旋翼技術

塞科斯基在一九七三年開始試飛的S-69/XH-59先進旋翼概念（Advancing Blade Concept, ABC）實驗機上，便採用了剛性連接的兩副三葉式同軸反轉旋翼（但仍保留有軸承），後來在一九八〇年代初期，塞科斯基又在美國陸軍資助下，於陸軍的整合技術旋翼（ITR）計劃下進行該公司獨特的「Dynaflex」無軸承式主旋翼研究。

■ 組成第一隊的塞科斯基與波音兩家廠商，都擁有剛性直升機旋翼技術的應用經驗，塞科斯基在一九七〇年代試飛的XH-59/S-69先進旋翼概念（ABC）試驗機上，便應用了剛性連接的無鉸接式同軸反轉旋翼（上圖）。波音亦以源自西德MBB公司的無鉸接式旋翼技術為基礎，於一九七八年在1架BO 105上進行了史上首次無軸承主旋翼試飛（下）。

波音的剛性主旋翼技術則源自西德的MBB公司。從其前身帕賽斯基公司起，波音—弗托便以研製中大型、縱列雙主旋翼直升機而著稱，不過亦曾試圖透過引進外來技術，進軍單主旋翼+尾旋翼的傳統構型輕直升機領域。

一九六〇年代末期，波音—弗托與Carson公司合作，在MBB授權下生產BO 105加長版BO 105 Executaire，雖然BO 105 Executaire這款機型在北美市場的銷售情況慘不忍睹，但波音—弗托也建立了與MBB的合作關係，並將BO 105的玻璃纖維製無鉸接式（hingeless）主旋翼技術，應用到該公司後來參與通用戰術運輸飛機（UTTAS）計劃競標的Model 179，以及參與先進攻擊直升機（AAH）計劃競標的Model 235兩種直升機設計案上。儘管波音—弗托在通UTTAS與AAH這兩項競標中都告落選，但仍持續在前述基礎上發展剛性旋翼技術，進一步改良為無鉸接、無軸承（bearingless）的型式，並在一九七八年十月，利用一架改裝的BO 105試驗機，進行了號稱史上最早的無軸承主旋翼直升機試飛。

導管風扇型式的主旋翼反扭力系統

至於以機尾導管風扇取代傳統的尾旋翼，來作為直升機的反扭力系統，則是第一隊LHX設計案的一大特色。

機尾導管風扇是法國Sud Aviation公司率先實用化的一項技術，最早可見於1967年首飛的SA 340原型機上，後來該公司的SA 340/341/342瞪羚（Gazelle）直升機家族，以及Sud Aviation併入法國航太（Aérospatiale）後，於一九七〇年代陸續推出的SA 360海豚（Dauphin）與SA 365海豚二式系列，都採用了導管風扇，以致導管風扇幾乎成了法國航太直升機的象徵，該公司也特地為這個設計註冊了「蝸窗」（Fenestron）的商標，其他常見的稱呼還有「風扇尾」（Fantial）、「尾翅風扇」（Fan in Fin）、「包覆式尾風扇」（Shrouded Tail Fan）等。

相較於傳統的尾旋翼，外覆整流罩的導管風扇大幅減化了尾旋翼翼尖附近的氣流情況，可有效減少主旋翼與尾旋翼間的氣流干擾，因而能降低運轉噪音與震動，並減少低空飛行或於狹窄場地降落時，因外物損傷反扭力系統導致直升機失控的機率，在地面運轉時對人員的危險性也較小。不過加上尾衍整流罩機構在內的整套導管風扇機構，連帶也有阻力與重量相對較大的缺陷，消耗的發動機功率亦較大，另外還有不易維護、且不適用於七噸以上中大型機等缺點。

塞科斯基亦在一九七〇年代初期投入了導管風扇研究，並在一九七四年將該公司自費研製的S-67展示機改裝為導管風扇試驗機，將S-67原來安裝的傳統尾旋翼，改換為一套直徑三・五呎的導管風扇，進行了二十九小時的試飛，以便與傳統尾旋翼作對照，試飛期間S-67還曾達到過俯衝時速三百七十公里的紀錄，測試完畢後又在一九七四年八月將S-67改回傳統尾旋翼構型。

■ 第一隊於一九八六年左右發佈的另一張LHX概念圖，注意其機尾採用了內嵌導管風扇的V字型安定面，另外還擁有桅頂瞄準具設計。

後來塞科斯基發展的幾種直升機如S-70與S-76等，雖然還是採用傳統的尾旋翼，而沒有應用機尾導管風扇設計，不過到了LHX計劃中，由於LHX設定的任務重量（三・五噸等級）在導管風扇的適用範圍內，因此基於減少與主旋翼間的氣流干擾、降低噪音、提高抗損性與安全性等考量，又再次引進了導管風扇設計。

另外在第一隊初期概念設計中，與導管風扇整流罩合為一體的V型安定面，也值得一提，這種構型不僅可同時提供垂直與水平穩定作用，還能兼顧降低雷達截面積的需求。

■ 第一隊LHX採用的導管風扇可追溯自塞科斯基一九七〇年代初期的研究，照片為塞科斯基在一九七四年時用於試驗導管風扇的S-67試驗機，該機機尾原來的尾旋翼被換成一組導管風扇。

第一隊的概念設計演變

前述超級隊的LHX概念設計，廣泛出現在一九八五到一九八七年左右出版的媒體報導與相關專著中。不過當第一隊在一九八八年十月十二日正式對外公開展示與驗證階段的設計模型時，外界發現這個構型與第一隊先前發佈的概念設計構型之間，雖然擁有一些共同特徵，但在主旋翼、機身構型與機尾安定面配置上，都存在許多關鍵的差異。

首先在主旋翼方面，第一隊早期發佈的概念設計想像圖，都顯示採用了四葉主旋翼，不過在最終定案的提案則改用了五葉主旋翼。

理論上，主旋翼葉片數量越多，則葉片弦長便能相應的縮小，藉此可帶來幾個優點：

(1)有助於減少機體震動；

(2)較小的葉片弦長可降低翼尖損失，有利於提高飛行性能；

(3)在相同的升力負荷需求下，可縮短葉片直徑，可減少旋翼掃掠面積，從而能讓直升機在更靠近地物地貌的高度飛行。

缺點則是主旋翼槳轂機構的複雜性、重量與阻力，會隨著葉片數量的增加而提高，還會給後勤維護帶來麻煩。從減少震動的觀點出發，主旋翼葉片最好選擇四葉以上，不過第一隊選用五葉式旋翼，則還有減少遭目視偵測機率的理由。

■ 稍晚一點的第一隊LHX設計概念圖，仍維持機尾V型安定面與機腹機砲砲塔配置，主旋翼也仍然是四葉式，但機身已經過重新設計，取消了突出於機身兩側的整流罩構造，武器艙被融入到略呈六角截面的機身中，座艙罩從早先的無框式改成較方正、帶有隔框的傳統形式。

旋翼旋轉時的目視亮度，與其閃爍頻率有關，所謂的閃爍頻率也就是光線通過旋轉中旋翼的通過率。若穩定光源有一半時間受到旋轉中的旋翼遮擋，則閃爍頻率大約為9.5Hz，此時旋翼實際顯示出來的目視亮度，將相當於穩定光源時的兩倍，也就是說旋轉時的旋翼比停止時更容易被目視發現。

9.5Hz是兩葉式旋翼的閃爍頻率，閃爍頻率越高、目視亮度就越低，四葉式旋翼的閃爍頻率為36Hz，目視亮度相較於兩葉式旋翼可降低百分之五十，而五葉式旋翼則能比兩葉式低百分之八十五。換言之，相較於原先的四葉式，五葉式旋翼所帶來的成本與複雜性增加大致還在可接受的範圍內，但在減少目視機率方面卻有顯著的改善，同時還有降低震動的優點。

■ 第一隊於一九八八年十月對外公開展示與驗證階段的設計案模型，可看出已經具有日後RAH-66的許多特徵。值得注意的是，這個模型雖然呈現了機身基本構型、旋翼系統、尾翼組、座艙與武器艙的構形，但沒有呈現出感測系統與發動機排氣口的配置方式。

除藉由改用五葉式來減少主旋翼遭目視發現的機率外，第一隊的旋翼設計也考慮了降低噪音的需求，以減少因噪音而被發現的機率，主旋翼葉片將採用帶有翼尖後掠的先進翼型，可使旋轉時產生的噪音聲壓減少二至三分貝。此外，機尾的導管風扇由於消除了傳統尾旋翼與主旋翼間的氣流相互作用，亦有減少噪音的效果。

除了主旋翼葉片數目外，第一隊在展示與驗證階段的機體構型上，相較於早期構型也有許多變化。

在機身方面，取消了原先位於機身兩側、內含武器艙的突出鰭狀構造，兩側的武器艙被融入經過重新設計、略呈六角形截面的機身內部。這種六角形截面的機身構造，不僅能增加內部可用空間，也有助於減少雷達截面積。至於飛彈等武器酬載，則是直接攜掛在機身兩側武器艙的艙門上，只要向兩側打開武器艙艙門，就能讓掛架上的飛彈向外張開到機體外側，地獄火、刺針等飛彈可直接從掛架上點火射出，因而無需在武器艙內設置複雜的掛架伸縮機構（註二）。

註二：可對照F-22與YF-23兩種ATF原型機的內置武器艙構造，這兩種機型都得利用掛架伸縮機構將飛彈伸展到機外，才能發射飛彈。不過第一隊LHX設計案這種直接在艙門上攜掛飛彈的武器艙構型，只適用於低速機型，對掛載重量的限制也較大。

第一隊展示與驗證階段的設計案，與早期概念設計之間另一個重大關鍵差異，在於沒有採用早先想像圖中的機尾V型安定面，而改用較傳統的T型構型。V型設計雖有匿蹤方面的優勢，但在與主旋翼氣流間的交互作用上也產生了許多新的問題，需要更多的時間去測試與解決，相形下T型便是較為穩妥保守的選擇。

另外座艙罩的構型也有所不同，早先第一隊發佈的設計概念圖，所呈現的都是看來十分新潮、且能提供極佳視野的無框式座艙罩，但是對於必須經常執行低空匍匐飛行的LHX直升機來說，無框式座艙罩在強度與安全性方面也存在較大的疑慮，因此第一隊最後還是改用由多片玻璃與隔框組成的傳統座艙罩構型，外型也顯得較為方正。

較大的疑問是在發動機排氣口方面，

第一隊早期的構型想像圖顯示，排氣口將設在發動機艙後方的機背處，或是尾衍根部上方，但展示與驗證階段的模型中則隱藏了發動機排氣口的配置方式細節。

另外直到公佈展示與驗證階段的模型時，第一隊仍遲遲沒有公開該團隊設計案的感測器配置位置。第一隊歷來發佈的LHX構型概念想像圖中，對光電感測設備的配置都是模糊處理，有少部份想像圖採用了置於主旋翼頂端的桅頂瞄準器，但大多數想像圖都沒有呈現感測器配置方式。從第一隊在一九八八年十月以後陸續公佈展示與驗證階段的設計案模型，與新版的概念想像圖看來，感測器很可能是配置在機鼻位置，但這些模型與想像圖的機鼻部位構造都十分簡略，並不能確認是否配有感測器。

不過最讓人驚訝的是，第一隊的設計案最後沒有採用波音或塞科斯基自身的無軸承主旋翼技術。一九九〇年以後傳出的消息顯示，第一隊最後決定引進西德MBB的無軸承主旋翼技術，採用了MBB從一九八三年開始發展、首先應用在一九八八年開始試飛的BO 108原型機上的無軸承主旋翼槳殼衍生型，搭配波音生產的複合材料先進翼剖面葉片，同時也採用五葉式旋翼（而非MBB在BO 108原型機上使用的四葉式旋翼）。

相較於波音或塞科斯基，MBB在無軸承主旋翼技術領域，擁有更佳的實績與更豐富的經驗，與波音－弗托間也有長久的合作經驗，是個理想的合作對象。除了提供主旋翼槳殼技術外，MBB還為第一隊提供必要的分析與諮詢服務，以協助第一隊確保LHX的無軸承主旋翼效能（註三）

註三：後來MBB在一九九二年與法國航太合組為歐洲直升機公司（簡稱歐直），歐直也繼續將BO 108從原型機發展為量產型EC 135，成為歐直公司的主力產品之一，也是極少數配備了無軸承主旋翼的民用直升機。目前歐直公司已在二〇一四年二月改稱為空中巴士直升機公司。

■ 第一隊在一九八九年左右發佈的LHX設計概念想像圖（上）（下），與早先的想像圖相比，機尾的V型安定面已改為較傳統的T型安定面，座艙罩改為由多片玻璃與隔框構成的傳統形式，另外機身兩側的內置武器艙也改為融入到機身內的形式，而非早期突出於機身外的鰭狀結構物。仔細觀察的話，還可發現主旋翼也已改為五葉式。注意飛彈是直接掛載於武器艙的艙門上，只要打開武器艙，就能讓飛彈外伸到機身外，飛彈可直接從掛架上點火發射，毋須在武器艙內設置複雜的掛架伸縮機構。

■ 出人意料的，第一隊LHX設計案最後沒有採用波音或塞科斯基自身的無軸承旋翼技術，而是引進西德MBB公司從一九八三年開始發展、首先應用在一九八八年試飛的BO 108原型機的無軸承主旋翼槳殼衍生型，搭配波音生產的複合材料先進翼剖面葉片，但將旋翼從四葉式改為五葉式。BO 108並沒有投入量產，不過當MBB併入歐直以後，歐直繼續將其發展為照片中的EC 135，為歐直的主力輕型直升機產品之一。

導管風扇的應用局限

越大型的直升機，動力系統驅動主旋翼所產生的扭力通常也越大，需要更強力的反扭力系統才能加以平衡，但為了把導管風扇「塞」到尺寸有限的機尾垂直尾翅開孔結構內，導管風扇的扇葉直徑並不像傳統尾旋翼那樣容易放大，以便得到更大的側向拉力（或推力）。

與應用在同級直升機上的傳統尾旋翼相比，導管風扇的扇葉直徑通常只有傳統尾旋翼的百分之四十至五十，但葉片數量更多（傳統尾旋翼多為二至五葉，導管風扇則為八至十三葉），轉速也更高（傳統尾旋翼轉速大多每分鐘一千至一千五百轉左右，導管風扇葉片的轉速則可達每分鐘四千五百至五千轉以上），仍能提供足夠的側拉力（或推力）（實際性能還需考慮葉片採用的剖面與翼型而定）。

若為了提供更大的側向力量，而進一步放大導管風扇扇葉尺寸，連帶也需跟著放大外覆整流罩的尺寸，不僅會產生阻力與重量可能過大的問題，也會給機體配置帶來許多困難，以致抵銷其在減震、減噪與安全性方面的優點；若不放大扇葉直徑，改用增加葉片數目、改用先進葉片翼型或增加轉速，或者是拉長尾衍結構、增加反扭力裝置的力矩等方式，效果也有其上限，應用上也各有限制，反不如改用傳統的尾旋翼更有利。

以使用傳統尾旋翼機型來說，七至十噸級機型的尾旋翼直徑通常就有三至三・三公尺，十二至十五噸以上機型的尾旋翼直徑更達到四至四・八公尺，Mi-6、Mi-26、MH-53E等超大型機的尾旋翼直徑甚至有六、七公尺以上。相較下，目前實用化的直升機機尾導管風扇系統，風扇葉片直徑只有〇・九至一・四公尺，並只應用於六、七噸級以下的機型上。

■ 相較於傳統的尾旋翼，導管風扇雖有較安全、安靜、震動也少等優點，但也存在著不適合7噸級以上中大型機的缺陷。

法國航太曾在一九七五年時，嘗試將該公司的「蝸窗」導管風扇應用在七噸級的SA330美洲獅（Puma）直升機上，結果卻是完全失敗，最後只將蝸窗導管風扇應用在輕型的瞪羚、海豚與黑豹（Panther）系列上，其中最大型的機型，是併入歐直後推出的EC155/AS365N4，最大起飛重量四・八噸，導管風扇扇葉直徑一・一公尺。後來歐直公司在一九九〇年代開發的EC-120、EC-130與EC-135等採用新一代導管風扇的直升機，均為二至三噸以下的輕型機，導管風扇直徑〇・七五至一公尺。

日本是歐直以外另一個主要的機尾導管風扇技術應用用戶，川崎重工的OH-1與三菱重工的MH 2000都採用了機尾導管風扇，不過均為四至四・五噸級的輕型機。當前實用化導管風扇直升機中，最大的則是俄羅斯卡莫夫推出的Ka-60/62/64系列，最大起飛重量約六・五至六・七噸，導管風扇扇葉直徑一・四公尺。

歷來應用導管風扇的直升機中，最大型的應該是塞科斯基的S-67試驗機，最大起飛重量達十一噸，採用的導管風扇扇葉直徑一・〇六公尺，不過S-67只是試驗機，且改裝導管風扇進行短時間測試後，又改回傳統尾旋翼，並不具太大的代表性。

超級隊的LHX概念設計

繼波音與塞科斯基組成「第一隊」競標聯盟後，麥道與貝爾亦於一九八六年四月組成「超級隊」。超級隊的核心是負責機體與旋翼設計的麥道與貝爾兩家廠商，另外由麥道負責帶領GE航太、漢寧威、立頓系統（Litton）等次承包商共同研製超級隊的任務設備套件（註三）。

註三：超級隊的任務設備套件發展分工如下：

麥道——負責領導任務設備套件的發展與整合。

GE航太與漢寧威——共同合作發展整合的飛控與導航系統，漢寧威另外也承擔了座艙控制與顯示系統的發展，以及頭盔顯示系統的整合。

加拿大立頓系統——負責發展平板座艙顯示器。

休斯飛機與德州儀器——合作發展任務電腦、光電目標搜獲／標定系統，以及夜視導航系統。

Unisys與AT&T——發展任務處理器的通用模組，AT&T另外還負責發展信號處理硬體。

諾斯洛普——負責自衛電戰套件的整合，並由Eaton公司發展電戰設備元件。

休斯飛機與漢寧威——負責發展廣角頭盔顯示器。

超級隊的概念設計演變

超級隊的LHX概念設計，主要特色是結合了貝爾的無軸承複合材料主旋翼，以及麥道獨門的NOTAR無尾旋翼技術。

超級隊早期發佈的概念設計想像圖顯示，整個機身呈紡錘型，機頭為縱列雙座座艙，並採用了可提供極佳視野的一體式座艙罩（註四），前座下方的機腹設有一組20mm機砲砲塔，兩具T800渦輪軸發動機安置在座艙正後方的後機身內。在發動機艙頂部、主旋翼軸前方位置，設有艙頂感測器，而發動機艙下方的機體兩側，則設有突出於機體外、內含武器艙的大型鰭狀結構。

機尾尾衍末端為NOTAR系統的排氣口，尾衍末端上、下方分別設有垂直安定面與尾鰭，水平安定面則設置在垂直安定面靠根部處。

註四：超級隊早期的單座構型方案採用無框式座艙罩，後來改為雙座後，在前後座之間加了一條隔框。

超級隊的兩家核心廠商也都擁有無軸

■ 最早出現的超級隊LHX概念想像圖，上為單座構型、下為雙座構型，注意位於座艙後上方頂部、主旋翼軸前方的艙頂瞄準具。另外還可注意到位於座艙後方兩側狹長的發動機進氣口，以及設於機身兩側、用於容納武器彈藥的大型鰭狀構造物。（上）（下）

承主旋翼（槳殼）技術，該團隊選擇以貝爾680式旋翼為基礎，發展為應用在LHX上的無軸承主旋翼（註五）。680式旋翼的發展，可追溯到貝爾從一九七〇年代中期開始發展、率先應用在Bell 412直升機上的四葉無鉸接式旋翼。

註五：貝爾從一九八二年三月開始，便在改裝的Bell 222試驗機上進行680式旋翼測試，而休斯直升機雖然也在「休斯先進旋翼計劃」（Harp）計劃下開發無軸承複合材料主旋翼，但直到一九八五年四月才在一架改裝的MD 500E上進行了四葉式Harp無軸承主旋翼的首飛，開發進度與技術成熟度落後貝爾有一段距離。

與應用在Bell 412上的四葉無鉸接主旋翼相比，680式旋翼進一步簡化了變距連桿與葉片連接的變距搖臂機構，以及顎套與葉片連接機構，成為更先進的無鉸接、無軸承式構造，顎套也改用玻璃纖維製成，這也使680式旋翼成為全複合材料構造。

在LHX計劃剛進入展示與驗證階段的一九八九年初當時，貝爾在由Bell 222改裝的680式旋翼試驗平臺上已累積了六百五十小時的試飛時數，性能與可靠性都已獲得相當程度的肯定，並開始在一架AH-1W上測試另一種版本的680式旋翼。

至於NOTAR，則是休斯直升機從一九七五年開始發展的全新直升機主旋翼反扭力機構概念。在美國陸軍支援下，休斯於一九八一年十二月試飛了一架由OH-6A改裝的NOTAR試驗機，開始了NOTAR的實證。有鑑於NOTAR在降低震動、噪音，以及改善貼地匍匐飛行與地面作業安全性方面的成效，這套系統很快就被納入休斯的LHX概念設計中。

當休斯直升機於一九八四年為麥道收購後，改組後的麥道直升機仍持續對NOTAR進行進一步的發展與測試，並於一九八五年對原型機進行大規模的改進，然後於一九八六年三月恢復試飛。稍後當麥道與貝爾於一九八六年四月組成超級隊合作參與LHX的展示與驗證階段競標後，NOTAR也被納入超級隊的LHX概念設計之中。

超級隊的最終提案設計

相較於競爭對手第一隊，超級隊從早期概念設計，到最終提交給陸軍的展示與驗證階段方案間，構型顯得更加一致，保留了更多的早期基本特色。從一九八七年左右首次在媒體上發佈的想像圖、直到一九八九年初媒體報導時所發佈的構型，超級隊的設計都維持著大致相同的基本外形特徵。但在這之後所提交展示與驗證階段的構型，便與早先構型間存在幾點關鍵差異：

首先，是捨棄了原先佈置在座艙後上方的艙頂瞄準具設計，將觀瞄系統挪到機鼻位置。藉此可壓低主旋翼的安裝高度，進而壓低機身的整體高度，不過機鼻位置的感測器，在操作上也有較暴露機身的缺點。

其次，是重新設計了突出於機身兩側的大型鰭狀結構構型。早先的概念設計，採用了前緣圓滑後掠、後緣前掠的魚鰭狀構型，且橫截面由外側逐漸向靠機身根部逐漸增厚；而後來展示與驗證階段的設計案，則把機身兩側的突出結構物改為方

■ 超級隊的LHX設計案，預定採用貝爾的680式無軸承旋翼作為主旋翼系統。搭配麥道的NOTAR反扭力系統。照片為貝爾安裝在Bell 222試驗機上的680式旋翼槳殼特寫，可看出其機構要比傳統的全鉸接式槳殼簡單許多。

正的平行四邊形構型，從外側到根部的厚度也大致相同，從前、後緣彼此平行的設計，可看出有控制雷達回波方向的考量。不過超級隊一直沒有公開他們的武器艙機構細節，從想像圖中難以看出來該團隊的LHX設計，是如何在武器艙中攜掛與發射飛彈。

另外超級隊展示與驗證階段設計案的機身、發動機艙，以及從後機身到尾衍的構型，相較於早期設計也都有所修改。在發動機艙方面，原先採用開設於座艙後方兩側的狹長型進氣口，展示與驗證階段設計案則把進氣口挪到座艙後上方、主旋翼前方，即早先用於佈置艙頂瞄準具的位置，進氣口形狀也改為方形。

LHX.
The perfect union
of man and machine.
MCDONNELL DOUGLAS
SUPERTEAM
BELL HELICOPTER TEXTRON

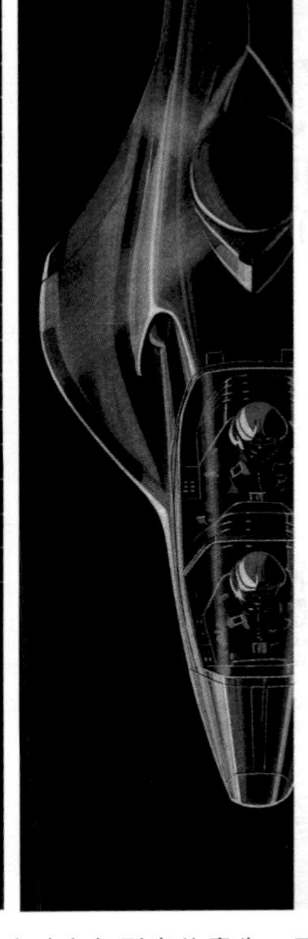

Honeywell
and GE.
Taking electronic controls to the limit for LHX.
The integrated flight-control and navigation system on the LHX will give it instantaneous control and a crisp response to any given flight attitude. By integrating these two subsystems into one triple-redundant package, Honeywell and GE will make LHX one lean, mean fighting machine.
Honeywell — proven technology valued for its accuracy.
LHX will fly like no other helicopter in the world. At its controls will be Honeywell, a company whose flight-control experience ranges from the most advanced helicopters, like the AH-64 Apache, to the high-performance A-12 advanced tactical aircraft. The company's advanced ring laser gyro inertial navigation system has also been proven to withstand severe vibration, shock and temperature — the same conditions you'd experience on a typical LHX flight.
GE — giving the pilot command of his aircraft.
LHX will have to outmaneuver anything the enemy throws at it. And have the agility to deliver the counterpunch. GE's integration of the flight-control and navigation systems is essential to this capacity.
GE supplies flight-control systems to some of the world's most advanced aircraft, including the F/A-18, V-22 and F-15 STOL. It's proven technology, proven performance. And it will help make LHX a formidable fighting foe well into the 21st century.
Giving LHX the design strength required for air-to-air combat.
The LHX will be a lightweight, fast, flexible weapons platform bristling with technology. And it will be a smart machine, capable of sharing its "intelligence" with the pilot.
Mission success and survivability are the goals of Honeywell and GE. Their place on SuperTeam will help make LHX victorious.
LHX
MCDONNELL DOUGLAS
SUPERTEAM
BELL HELICOPTER TEXTRON

■ 超級隊分別在一九八七年中（左）與一九八八年底（右）刊出的廣告，可看出除了從單座改為雙座構型外，基本特徵大致不變，注意機身兩側內含武器艙的大型鰭狀構造，以及位於座艙後方兩側的狹長型發動機進氣口。

■ 超級隊一九八九年以後定案的設計，與較早期發佈的概念設計想像圖對比，可發現機身兩側的大型魚鰭狀構造被改為方正的平行四邊形，另外發動機進氣、排氣口位置與造型，以及從後機身到尾衍根部的構型也都有所修改，尾衍末端也向後延伸到尾翼組後方，讓噴流助推排氣槽置於更靠後端的位置。

早期構型的中、後段機身，是與尾衍根部以平滑過渡形式的逐漸融為一體（造型類似鯊魚尾部），尾衍根部幾乎與整個前機身一樣粗（尾衍上緣的高度幾乎相當於座艙頂部），整個發動機艙便被「埋入」到這個後機身到尾衍根部的融合結構中；而展示與驗證階段的設計案則大幅縮減了尾衍根部直徑（尾衍上緣高度降低到相當於座艙罩的下緣位置），這也讓發動機艙尾部，變成外露於尾衍根部上方的構型，在後機身形成一個下降階梯構造。故早先設於後機身與尾衍根部過渡處的狹長型發動機排氣口，此時也變為獨立位於發動機艙尾部的位置，排氣槽形狀也改成長條形。

■ 這是超級隊較早的設計，於一九八九年初發表的LHX概念設計想像圖（上）（下）。注意發動機排氣口是設於後機身到尾衍根部的過渡融合構造中，而機尾的NOTAR系統則設於尾翼組下方的尾衍上。

至於機身也從早先較圓滑的截面，改為兩側帶有折角、略呈五邊形的截面。

最後是機尾的NOTAR系統中，原本設置在尾翼組位置處尾衍上的噴流助推器（jet thruster），被往後挪到整個尾翼組的後方，如此也形成了突出於尾翼組後方的尾椎構造，藉此可讓這組助推器獲得更大的操縱力矩，從而改善航向控制性能。

整體來說，超級隊展示與驗證階段設計案的機身正向截面，要比早先公佈的概念設計更小、更窄，這將有助於減少重量、阻力，以及遭敵方偵測的機率。

■ 另一張超級隊LHX 展示與驗證階段方案的想像圖，相較於早期公佈的構型，可發現觀瞄設備從早先的座艙後方艙頂、改挪到機鼻位置，因此主旋翼與機身頂部間的距離也得以大幅壓低，進而降低機身整體高度。另外原先呈魚鰭狀的機身兩側突出於結構，不僅輪廓改為平行四邊形，前向截面也改為較均整的箱型，而非早先那種從外側向根部逐漸變厚的截面。

NOTAR系統的特性與發展

利用空氣排氣產生的側向推力，取代尾旋翼作為抵銷主旋翼扭力的反扭力系統，是一個早在直升機仍處於發展黎明期便已出現的構想。英國Cierva Autogiro公司於一九四五年試飛的Cierva W.9試驗直升機，便率先採用了利用噴流的反扭力機構。

Cierva W.9直升機的發動機安裝在座艙後方的機身內，發動機前方安裝有一具風扇，風扇運轉時可為發動機提供冷卻，並且把熱空氣與發動機排放廢氣一同加速、吹到後方中空的尾衍內，然後讓氣流從尾衍末端左側的排氣槽排出，產生側向推力以抵銷主旋翼的扭力。

後來西班牙Aerotécnica公司在一九五七年代首飛的AC-14輕型直升機，也採用了類似的噴流式反扭力機構，利用導管將吸入的空氣與機上渦輪軸發動機的排氣、一同送到尾衍末端左側的排氣槽排出，藉以產生抵銷主旋翼扭力的側推力。

不過Cierva W.9與Aerotécnica AC-14都未能進入量產，以致它們採用的噴流式反扭力系統，也未能真正實用化。

繼Cierva Autogiro與Aerotécnica後，美國的休斯直升機公司也從一九七五年開始發展該公司稱為NOTAR的噴流式反扭力概念，並於一九七七至一九七八年進行了一些試驗，最後吸引了美國陸軍注意，於一九八〇年九月與休斯簽訂一份價值兩百二十萬美元、為期二十四個月的合約，要求休斯建造一架NOTAR原型機。

休斯的NOTAR是一種「康達效應」（Coanda Effect）的應用，實際做法是在尾衍根部安裝一具由發動機驅動的可變螺距風扇，這具風扇可以超過5,000rpm的轉速、將從尾衍根部表面進氣槽吸入的空氣，加壓後吹向尾衍後端（尾衍中的內壓達0.034×10^{5}Pa），然後從尾衍後端右下側的一或兩條狹長排氣縫隙排出，隨著主旋翼下洗氣流一同沿著尾衍表面流下，利用康達效應的附面作用，讓沿著尾衍表面流動的氣流發生偏轉並加速，形成吹向機身左側的環流控制氣流（Circulation control flow），從而提供平衡主旋翼扭力所需的側向力量。

為了提供類似傳統尾旋翼的航

■ 由OH-6A改裝的NOTAR原型機。相比於傳統的尾旋翼，NOTAR雖有諸多優點，但不易擴大應用到中、大型直升機上是一個缺陷，實用化的NATOR直升機中，最大的不過是三噸級的MD900。

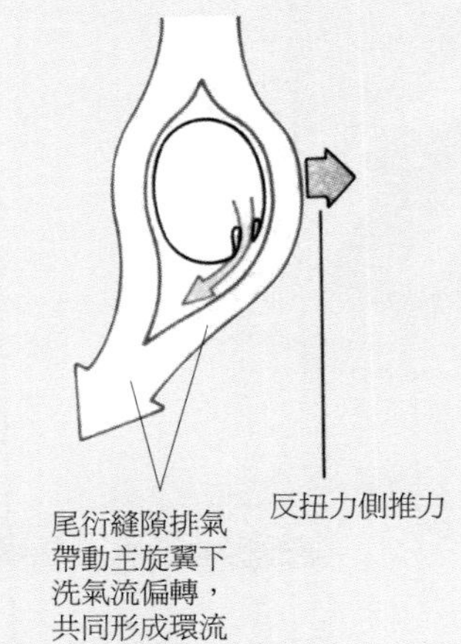

■ NOTAR運作原理。
基本概念是透過尾衍內部設置的風扇，將吸入的空氣加壓，然後從尾衍一側排出，藉此產生抵銷主旋翼扭力的反扭力。

向控制功能（也就是利用腳蹬來控制尾旋翼的槳距，藉以調整尾旋翼產生的側推力，從而達到控制航向的目的），NOTAR的尾衍末端還設有一套噴流助推器（jet thruster）。噴流助推器由可轉動的外環與固定內環組成，內環左右兩側都開有排氣槽，沒有從尾衍排氣縫隙流出的加壓空氣，可從這兩個排氣槽中排出，形成助推噴流。駕駛員可像操縱傳統尾旋翼一樣，利用腳蹬來轉動NOTAR噴流助推器外環，利用外環遮蓋在內環排氣槽上的不同位置，控制從噴流助推器排出的噴氣流量。

在直升機處於懸停狀態時，依靠尾衍排氣縫隙產生的環流控制流，就能提供抵銷主旋翼扭力所需的大部份側向力量。不過在直升機前進或機動飛行時，由於主旋翼的下洗氣流可能不會直接往下流到尾衍，以致尾衍排氣縫隙無法產生足夠的環流控制流，此時便需搭配噴流助推器與尾翼組共同產生需要的控制力。

休斯於一九八一年為美國陸軍提供的一架OH-6A改裝了NOTAR尾衍，成為NOTAR技術展示機，並於該年十二月十七日成功完成首飛，經初步試飛後，已於一九八四年收購休斯的麥道於一九八五年對這架NOTAR原型機做了大幅改進，增設第二條尾衍排氣縫隙，並改用複合材料製成的新風扇，前機身也改為類似MD500E的構型。NOTAR原型機於一九八六年三月恢復試飛，並於同年六月完成全部試驗。

兩階段的試飛結果顯示，NOTAR沒有外露式傳統尾旋翼的安全性問題，改善了氣動效率，也降低了噪音與震動，而且消耗的發動機功率並不比OH-6A原來使用的尾旋翼傳動系統更大。尤其是在對偵蒐斥候任務特別重要的減噪效果方面，按麥道聲稱，換裝NOTAR後的MD500/OH-6在二十公尺高度懸停時，相較於同級的貝爾Jet Ranger或法國航太的AS 350B，NOTAR因噪音而被發現的距離，只有貝爾Jet Ranger的三分之二，或是AS 350B的一半（AS 350B在一千七百呎外就會被聽到，貝爾Jet Ranger則會在一千三百呎距離外被聽到，而裝備NOTAR的麥道直升機則要接近到八百五十呎左右才會被聽到）。

基於前述成果，不僅麥道與貝爾在LHX競標中組成的第一隊決定採用NOTAR，麥道也從一九八八年開始發展以MD500為基礎、採用NOTAR的MD520N與MD530N兩種民用機型，以及雙發動機的MD 900探索者（Explorer），接下來從一九九四年開始發展MD520N加長型MD600N也是NOTAR機型。

儘管NOTAR相對於傳統尾旋翼有許多優點，不過考慮到NOTAR風扇驅動低壓空氣所產生的側向控制力有其上限，難以擴大應用到中、大型直升機上，目前採用NOTAR的機型中，最大的不過是三噸級的MD900。但LHX設定的任務重量將達到四至五噸以上，能否成功地將NOTAR應用在這樣大的機型上，是麥道公司在LHX發展上所必須克服的一項主要問題。

■ 麥道公司的NOTAR測試機，注意為了設置風扇而特別加粗的尾衍，以及尾衍內設置的風扇。（上）（下）

LHX計劃的任務航電系統發展

LHX的任務設備套件包含了任務電腦、夜視導航系統與目標搜獲系統三個核心部份。

任務電腦與航電架構的發展

美國陸軍對於LHX任務電腦與航電架構的一個特別需求，是必須滿足與空軍ATF及海軍ATA計劃至少達到一定程度共通性的目標。美國海、空軍早在一九八四年時便研究過ATF與ATA的航電系統共通化問題，而在一九八五年末到一九八七年初，國會指示兩軍種必須為這兩個計劃制訂一個航電共通化百分比的目標數字，並期望最終能達到百分之九十的共通化。而在一九八六年初，國會又強烈要求陸軍LHX計劃也加入這項計劃，藉以讓ATF、ATA與LHX這三大軍機計劃間，能達到最大可能的航電共通化。

為實現航電共通化的目標，陸、海、空三軍共同組成了聯合整合航電工作小組（JIAWG），負責制定的新一代航電系統規格標準。與傳統的航電架構相比，JIAWG架構航電最大差異在於以「通用模組卡」的概念，取代了傳統架構下各自負責不同功能的多個獨立線上可更換單元（LRU）模組。

JIAWG的通用模組是一種標準規格的板卡，利用一系列分別用於提供數位資料處理、向量處理、匯流排控制、總體記憶體、數位／類比轉換等功能的機板模組，就能滿足執行所有一般功能的需要，特殊功能則透過對可程式化硬體設計對應的軟體來執行。所有模組也都採用了共通的VHSIC晶片組，並含有自我檢測（BIT）功能。這些模組板卡再透過1760軍規匯流排安插到液冷式機箱背板的插槽上，每片模組都可獨立更換。透過系統軟體的控制，當任一模組失效時，系統可自動重組，由其他正常的模組接替作業，所以系統功能只會緩慢的降級，而不是突然地完全失去功能。

■ 美國陸軍的LHX與空軍的ATF是最早應用JIAWG通用模組航電架構的軍機開發計劃，照片為正在安插整合航電通用處理器板卡的工程師，透過執行不同軟體的相同通用處理器板卡，即可滿足所有機載次系統的運算需求。

藉由通用處理模組概念，JIAWG架構的航電系統不僅結構更為簡化，也可減少生產與管理成本，並提高維護性。

不過由於JIAWG架構的發展時程趕不上美國海軍要求，海軍在ATA計劃下發展的A-12攻擊機還是採用了傳統航電架構，最後JIAWG架構便只有空軍的ATF與陸軍的LHX計劃採用。

包括任務電腦在內的LHX直升機任務設備套件，將大量應用（但並非全部）JIAWG架構的通用模組，兩組LHX競標團隊中的航電設備承包商，也將依照JIAWG架構開發自身的模組元件。第一隊方面負責開發任務電腦的主承包商是西屋公司，哈里斯與IBM也各自負責一部份元件的研製；超級隊方面則是由休斯飛機與德儀（TI）負責開發任務處理器，Unisys與AT&T則負責發展任務處理器的通用模組。

夜視導航與目標搜獲系統的組成與發展

第一隊所採用的光電感測系統，分為目標搜獲系統（TAS）與夜視導航系統（NVPS）兩部份，兩者都是由馬丁．馬里塔公司負責研製，西屋公司也參與了光電元件的開發。馬丁．馬里塔也是AH-64的TADS/PNVS目標搜獲／標定與飛行員導航夜視系統承包商，在這個領域擁有豐富的經驗，與良好的實證成績。

第一隊的目標搜獲系統包含了第二代前視紅外線（FLIR）、數位電視與雷射測距／標定器等元件，第一隊宣稱他們目標搜獲系統的偵測距離，可較現有系統超出百分之四十，影像品質也高出兩倍，並可透過稱為「輔助目標偵測與識別」（ATD/C）的系統，自動掃描目標搜獲系統獲得的目標影像，並與資料庫中已知的目標影像做比對，以協助乘員迅速識別偵測到的目標類型；NVIS則是一種廣角前視紅外線系統，可向駕駛員提供周遭環境的紅外線影像。

超級隊採用的光電系統，則稱為光電目標搜獲／標定次系統（EOTADS）與夜視導航次系統，均由休斯飛機公司與德州儀器公司組成的團隊負責開發。超級隊的EOTAS與NVPS都由後端採用三十二位元中央處理器，執行以Ada語言編寫的軟體的任務處理次系統控制，藉以提供需要的信號與資料處理功能。

為滿足機身整體的低可觀測器要求，在超級隊的LHX上，光電目標搜獲／標定次系統是安裝在低訊跡外型的轉塔內，內含第二代前視紅外線、一套雷射測距／標定器、一套飛行中自動確認瞄準線感測器，以及一套高解析度影像增強電視機，其中電視攝影機可提供一般狀況使用的凝視模式，與用於廣角搜索的掃描模式。

休斯與德儀在EOTAS上應用了在陸軍多感測器融合展示計劃中開發的技術，可結合來自前視紅外線系統與電視攝影機的信號，藉以改善惡劣天候下的目標偵測距離。休斯與德儀聲稱這種感測器融合技術所得到的解析度，可使偵測距離較現有系統超出百分之四十。

超級隊的夜視導航次系統亦應用了感測器資料融合技術，可結合來自先進前視紅外線系統與影像增強電視的影像，該團隊宣稱這可較既有系統改善百分之五十。

■ 頭盔顯示器是LHX的關鍵航電配備之一，同時兼有傳統頭盔瞄準器、夜視鏡與抬頭顯示器的作用，可極大減輕駕駛員在惡劣天候下的低空飛行操作負擔。上為休斯飛機在一九八〇年代中期為AAQ-16 FLIR轉塔發展的HNVS頭盔顯示器，不過這套系統沒有得到大規模應用，實際部署的AAQ-16大都採用座艙儀表上的搖桿+CRT操作與顯示。下為休斯以HNVS為基礎，為麥道／貝爾超級隊發展的頭盔顯示器概念原型。

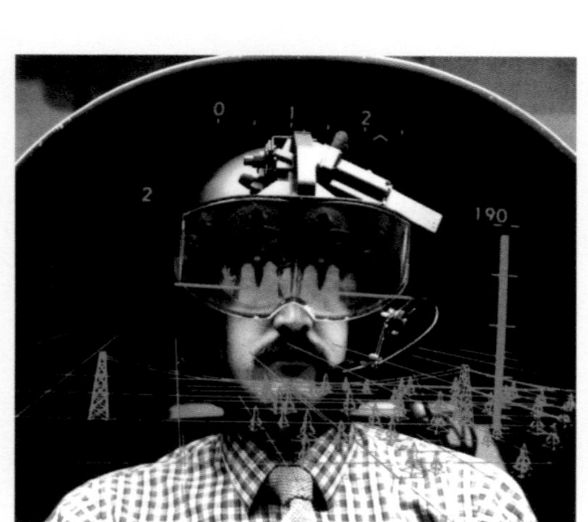

頭盔顯示系統的應用

值得一提的是，為了改善飛行員執行貼地匍匐飛行時的作業效率，並減輕操作負擔，頭盔顯示器（HMD）被美國陸軍列為LHX夜視導航系統的關鍵配套設備。

透過頭盔上安裝的追蹤系統，LHX的駕駛員可透過頭盔顯示器驅動NVPS轉塔同步轉向，讓NVPS感測器的視角與駕駛員視線方向保持一致，並透過位於頭盔遮罩內側的小型陰極射線管（CRT），將NVPS獲得的影像投影到頭盔遮罩內、由聚碳酸酯塑膠製成的駕駛員目鏡內側。這組雙眼目鏡經過特殊化學鍍膜處理，可濾掉光線中特定頻段，以便飛行員既能透過透明的目鏡觀察外界，同時又能清楚看到投影在目鏡上的影像與符號。

除了顯示NVPS的FLIR影像外，頭盔顯示器也能顯示傳統的飛行控制符號，所以在日間作業時可替代傳統HUD的作用。換言之，頭盔顯示器同時兼有傳統頭盔瞄準器（HMS）、夜視鏡（NVG）與抬頭顯示器（HUD）三種系統的功能。

第一隊是由老牌的HUD專業供應商Kaiser電子公司與漢彌爾頓．標準合作發展頭盔顯示器；超級隊方面則由AH-64的HIDASS頭盔瞄準器承包商漢寧威（Honeywell），與休斯公司合作開發該團隊的頭盔顯示器。

LHX的飛控系統發展

LHX將是美國第一種完全捨棄機械飛行控制的實用型直升機，在飛行員操縱桿與旋翼、控制面之間，不再是透過鋼纜、滑輪等機械連接方式來傳遞與反饋駕駛員的飛行控制指令，代之以由電腦、信號傳輸纜線與致動器構成的線傳飛控（fly-by-wire）系統。

第一隊的光傳飛控系統

第一隊研發的線傳飛控系統最大特色，在於決定採用光纖替代電纜，作為飛控系統的訊號傳輸介質，有些人特別將這種系統改稱為「光傳飛控（fly-by-light）系統」。第一隊的工程經理林登（Art Linden）指出：「這是一種完全被動式的飛控系統，並且（控制範圍）可延伸到發動機。」採用光纖傳輸的主要優勢，在於可不受電磁干擾，並能更容易的達到陸軍要求的二〇〇伏特／米（volt/metre）規格。此外由於光纖不像電纜需要外覆電磁屏蔽層，還有節省重量的好處。

第一隊的光纖線傳飛控系統主要是由波音負責開發，許多地方都得益於波音在一九八二至一九八九年間與陸軍合作的全數位光學控制系統（all-digital optical control system, ADOCS）計劃，在ADOCS計劃下，波音曾於一架由黑鷹直升機改裝的「光鷹」（Light Hawk）JUH-60A展示機上，測試了完整的三重冗餘式光纖飛控系統。在黑鷹展示機的試飛結束後，ADOCS計劃仍持續進行，並直接將成果反饋給波音的LHX設計工作。波音估計，若將ADOCS技術應用在LHX上，應可讓重量九千磅左右的LHX，在飛控系統方面省下大約兩百五十磅重量。

在展示與驗證階段中，LHX飛控系統方面的工作重點，放在系統各元件的測試驗證，但無須測試完整的飛控系統。波音指出，他們在發展工作上遭遇的主要挑戰，在於將飛控電腦的電信號轉換為光信號的轉換器（transducer）設計上，「這是一個微型化（miniaturization）的問題」波音表示。

在架構上，第一隊的飛控電腦是獨立於任務電腦之外，波音表示：「我們不打算把它們統統包在一起。它（飛控電腦）必須是完全隔絕的，飛控電腦不會從中央任務電腦得到反饋訊息。」

超級隊的線傳飛控系統

超級隊也採用了線傳飛控系統，但為了降低風險，不像第一隊採用光纖傳輸，仍採用傳統的電纜傳輸。但超級隊仍保留了在必要時更

■ 波音公司在全數位光學控制系統（ADOCS）計劃中發展的光纖飛控系統概念（上）（下），正、副駕駛透過四軸控制桿輸入的飛行操作指令，透過光纖纜線傳送給飛控電腦（FCP），由飛控電腦轉換成控制指令，同樣透過光纖纜線傳遞給分別控制四片主旋翼的控制模組，然後控制模組再控制驅動致動器（Driver actuator）帶動旋翼，飛控電腦與控制模組之間除了透過光纖纜線連接外，另有備份用的電纜連接。後來波音參與的LHX計劃第一隊競標團隊，採用的便是以這套系統為基礎發展的光傳飛控系統。

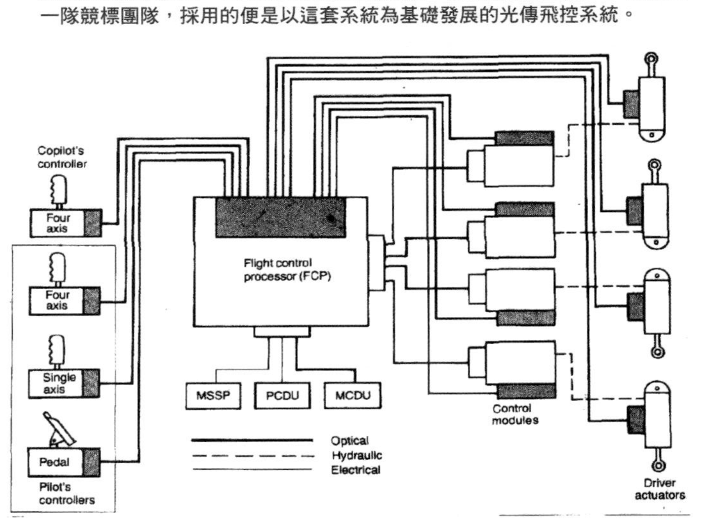

換為光纖傳輸的選項（類似的，第一隊也備有傳統電纜傳輸的選項，以便光纖傳輸發展失利時可以改用電纜傳輸）。

在架構上，超級隊飛控系統的一大特色，在於整合了飛控與導航功能，聲稱這可取得節省重量、成本與尺寸等效益。該團隊承認這是首次有人把這兩種系統結合起來，但認為憑藉著VHSIC技術，以及這兩種系統間先天的協同關係，使之結合是正確的選擇。

這套飛控系統採用三重冗餘架構，核心是三套慣性參考單元中的九組低成本戰術雷射環型陀螺儀（每套慣性參考單元各三組），這些慣性參考單元同時兼具慣性導航感測，以及飛控系統的穩定控制功能。最初超級隊使用的是高價的高精度陀螺儀，不過來自漢寧威公司、負責超級隊飛行系統的計畫經理斯科伊斯（Bob Skoyles）指出：「我們發現可以略為降低（陀螺儀）精度（要求），藉以減少重量與成本，並另外透過結合來自GPS接收機與都卜勒雷達的資料輸入，從而恢復我們（需要）的導航精度。」此外，前述這種資料融合機制，也有助於改善飛控系統的效能。

超級隊的飛控系統研發是由漢寧威與GE航太兩家公司承擔，其中漢寧威也承包了海軍A-12戰術攻擊飛機（ATA）的飛控系統研發工作，值得一提的是，A-12也採用了三重冗餘的線傳飛控系統，並且同樣與導航系統整合，超級隊的LHX飛控系統帶有A-12飛控系統的一些特徵。另外漢寧威也參與了波音與陸軍的ADOCS計劃，為波音提供了用在黑鷹光傳飛控系統展示機上的數位光學控制系統元件。

為了驗證超級隊的飛控系統，麥道還改裝了一架AH-64A稱做先進飛行控制測試平臺（advanced flight controls testbed, ACE），作為超級隊在展示與驗證階段的飛控系統測試發展平臺。

■ 麥道將1架AH-64A改裝為先進飛行控制測試平臺(ACE)，作為超級隊在LHX 展示與驗證階段的飛控系統發展與測試平臺。

LHX的飛行試驗

兩組LHX競標團隊都在一九八九年十月中旬，向美國陸軍交付了展示與驗證階段的提案，在美國陸軍審查提案期間，兩組團隊也持續進行相關系統的測試驗證。

美國陸軍設定的LHX計劃發展流程中，在展示與驗證階段並不需要建造完整的原型機來進行試飛，而只需測試個別次系統元件即可，所以兩組競標團隊都以既有機型改裝為試驗平臺，用來測試LHX的旋翼、飛控等關鍵次系統。這些試驗機有些是專為LHX計劃的需要而改裝，有些則是原先用於其他計劃，但也為LHX提供了直接或間接的支援。

第一隊的飛行試驗平臺

在第一隊方面，波音—弗托早在一九七八至一九七九年間，便利用BO 105試驗機進行無軸承主旋翼的飛行測試，後來又在美國陸軍的「整合技術旋翼／飛行研究旋翼」（Integrated Technology Rotor/Flight Research Rotor, ITR/FRR）計劃下，繼續進行無軸承旋翼的開發與測試，塞科斯基亦是ITR/FRR計劃的參與者，在這項計劃中也進行了自身的無軸承旋翼概念測試。

另外波音在一九八二～一九八九

年間與陸軍合作的全數位光學控制系統（ADOCS）計劃中，也利用一架UH-60試驗機進行了光纖線傳飛控系統的飛行實測。前述技術驗證計劃雖然都不是專為LHX計劃而展開，第一隊後來也決定引進德國MBB的無軸承旋翼技術，而沒有應用自身發展的無軸承旋翼系統，但這一連串研究與試驗，仍為第一隊的兩家核心廠商（波音與塞科斯基），累積了有價值的經驗，對於同樣採用無軸承主旋翼與光纖飛控系統的第一隊LHX設計，提供了直接支援與資料反饋。

後來塞科斯基也將一架S-76B改裝為機尾導管風扇試驗機，稱為「Fantial Hawk」（塞科斯基將S-76的軍用型命名為「鷹」（Hawk）），從一九九〇年六月開始試飛。「Fantial Hawk」以一套八葉、直徑一・二公尺的導管風扇，取代了S-76機尾原先設置的二・四四公尺直徑尾旋翼，這套導管風扇在高度六百一十公尺、攝氏三十五度條件下，可提供七百三十七公斤最大拉力。

S-76B的重量與LHX相仿，但動力系統的輸出功率低了百分之三十以上，動力性能與第一隊規劃中的LHX有相當落差。儘管如此，這架「Fantial Hawk」試驗機，仍透過機尾導管風扇展現了極佳的迴轉與偏航機動性，如可在四秒內作一百八十度迴轉，並以每秒一百一十七度的偏航率向右、或以每秒一百一十度的偏航率向左偏航。「Fantial Hawk」試驗機還能以六十度的側滑角與八十節速度向左或向右側飛，或者以向前飛行的速度快速迴轉一百八十度，以將機頭朝向原先位於後方追擊的敵機。

前述這種透過導管風扇取得的優異偏航機動性能，對於可能發生的直升機空戰來說，將能帶來相當大的助益。考慮到第一隊的LHX還將擁有更好的動力性能與尺寸更大的機尾導管風扇，理論上將可擁有比「Fantial Hawk」更好的機動性。

■ 波音公司用於測試ADOCS光纖飛控系統的「光鷹」（Light Hawk）試驗機，相關成果直接反饋到波音與塞科斯基的第一隊同樣採用光纖飛控的LHX設計中。注意這架試驗機的發動機艙噴有特別的「光鷹」字樣與圖案。（上）（下）

■ 塞科斯基為了驗證該公司預定應用在LHX上的導管風扇式尾旋翼設計，以S-76B改裝而成的「Fantial Hawk」扇尾鷹導管風扇試驗機。該機機尾原本的二・四四公尺直徑尾旋翼，被一套八葉、直徑一・二公尺的導管風扇所取代。

超級隊的飛行試驗平臺

在超級隊方面，針對無軸承主旋翼、NOTAR系統與線傳飛控系統等三項關鍵技術，都進行了實機飛行測試。

早從一九八二年起，貝爾便持續在該公司的Bell 222試驗機上進行680式無軸承主旋翼測試，後來貝爾與麥道組成超級隊投入LHX競標後，從這架試驗機取得的相關測試結果，也直接反饋到預定採用680式旋翼的超級隊LHX開發計畫中。

在LHX的展示與驗證階段的開發作業中，貝爾還為Bell 222試驗機更換了在該公司「先進輕旋翼」（Advanced Light Rotor, ALR）計畫中發展的新型旋翼葉片，搭配680式旋翼槳轂共同測試，並展示了三・五G的機動負載與俯衝速度兩百一十五節（398km/h）的性能，還能以超過兩百一十節俯衝速度進行破-S（Split-S）等機動動作。

貝爾宣稱，680式旋翼在測試中展現了突出的操縱與震動特性，而且無軸承機構省略了活動部件，幾乎不需要維護。貝爾試飛員威廉斯（Dwayne Williams）表示，由於無軸承旋翼大幅減低了震動，以致貝爾還特地裝設了一組操縱桿震動裝置（stickshaker），以便當發動機接近過扭矩（over-torque）時，能將額外的震動反饋到總距桿（collective control stick）上警告飛行員。而對傳統直升機來說，飛行員從機艙的震動情況，就能得知發動機是否已經接近扭矩輸出上限的「紅線」。

此外，震動減輕還能帶來其他好處，如機載航電與其他次系統所承受的震動應力也會減輕，有助於減少故障，從而減少機體、旋翼與各次系統的維護負擔。

威廉斯還聲稱，680式旋翼可賦予直升機接近某些固定翼機的機動性，「我曾與一些陸戰隊飛行員一同飛行展示機（Bell 222試驗機），他們比較後認為，這架機器的敏捷性可與A-4（攻擊機）相比。」

除了貝爾的Bell 222試驗機外，從一九八六年三月起，經大幅改進後的麥道NOTAR試驗機也恢復了試飛，適時為超級隊LHX 展示與驗證階段的開發工作提供了必要的支援。

針對直升機線傳飛控系統這個新領域，麥道特別改造了一架AH-64A，稱作先進飛行控制測試（ACE）平臺，作為超級隊LHX飛控系統的實機測試平臺。

■ 藉由無鉸接、無軸承的680式旋翼槳轂，貝爾的Bell 222 680式旋翼試驗機擁有某些接近固定翼機的機動性，為超級隊的LHX 展示與驗證階段的開發工作提供了必要的基礎。

■ 超級隊用於支援LHX計劃的三架試驗機合影，由上而下分別為：麥道的AH-64A先進飛行控制測試（ACE）平臺、貝爾的Bell 222 680式主旋翼試驗機，以及麥道的NOTAR試驗機，三架機體分別用於測試超級隊LHX預定採用的飛控系統、主旋翼與反扭力系統。

第2部 失落的先進直升機 卡曼契的誕生終結

Chapter 5

第五章 冷戰結束帶來的全面衝擊

經過七年時間推動後，自一九八三年啟動、美國陸軍針對替換輕型偵搜與攻擊直升機需求的實驗輕型直升機計劃，在一九八九年進入了關鍵節點，準備從兩組競標團隊中，選出承擔正式工程研發工作的承包廠商。

由波音與塞科斯基兩家廠商組成的第一隊，以及麥道與貝爾公司組成的超級隊等兩組LHX競標團隊，都在一九八九年十月中旬向美國陸軍交付了LHX計劃的展示與驗證（Dem/Val）階段提案。

然而當美國陸軍正在審查兩組競標團隊的提案時，國際情勢卻出現了翻天覆地的變化，從而給整個計劃帶來全面性的衝擊。

■ 東德政府於一九八九年十一月九日晚間被迫解除對柏林邊界的封鎖，標誌著冷戰結束的開端，連帶也對LHX在內的美國新一代武器開發計劃形成了重大衝擊。這個事件不僅迫使蘇聯與東歐共黨集團展開改革，也是美國眾多尖端軍備發展計劃末日的開端。照片為一九八九年十一月十日凌晨東德民眾爬上布蘭登堡門附近的柏林圍牆，慶祝解除封鎖的情景。

冷戰結束衝擊下的LHX計劃

以一九八九年十一月的柏林圍牆倒塌事件為開端，國際局勢急轉而下，包括蘇聯、東歐在內的共黨國家紛紛走上改革開放的道路，這不僅讓原本緊繃的冷戰軍事對峙，瞬間舒緩下來，也迫使各國重新檢視既定的國防政策。

對美國當時主政的布希總統（George Bush）與國防部長錢尼（Richard Cheney）來說，將面對如何既能獲取冷戰結束所帶來的「和平紅利」，同時又兼顧維持國防預算「健康平衡」的兩難問題，無論如何，原先基於冷戰環境而制定的軍備開發計劃，此時都到了必須全面檢討的時刻，以便適應新的情勢需要。

後冷戰時代第一關——主要飛機審查（MAR）

時間進入一九九〇年後，美國陸軍將實驗輕型直升機（Light Helicopter Experimental, LHX）計劃重新更名為輕型直升機計劃（Light Helicopter, LH），拿掉了「實驗」字樣，藉以突顯這項新型直升機開發案，已經從技術探索階段邁入實用開發階段，不過真正的考驗這時候才剛要開始。

錢尼要求國防部在一九九〇年四月以前完成一份《主要飛機審查》（Major Aircraft Review, MAR）報告，全面檢討ATF、A-12、LH等主要軍機開發計劃，在新的國際情勢下的經濟可承受性與需求。在報告中，國防部聯合需求監督委員會（Joint Requirements Oversight Council, JROC）確認了先前美國陸軍提出的陸軍航空能力缺陷問題，從而承認了LH計劃的必要性，但也指示需對計劃內容做出許多調整。

依據《主要飛機審查》內報告的結論，國防部長錢尼雖然同意陸軍繼續執行LH計劃，但也在一九九〇年八月指示陸軍將LH計劃的展示與確認階段多延長兩年，並修改與廠商間的合約，以便在投入全尺寸發展階段前，能對原型機進行更完整的測試。

而錢尼的這項指示，也讓卡曼契計劃自一九八八年的第一次重組後，再次進行了第二次重大的計劃重組，原本即將在一九九〇年十二月展開、決定進入全尺寸發展階段與否的國防系統採購審查委員會里程碑II審查，以及投入量產的時程，都向後推遲了兩年，達到初始作戰能力的預定時間也從一九九六年延到一九九八年。此外，預期的總產量亦從兩千零九十六架削減到一千兩百九十二架，開發試驗用的原型機則從六架減為四架。

藉由拉長計劃時程，錢尼希望藉此能讓陸軍有更多的時間，用於確認關鍵系統元件的效能，從而達到削減總體成本的目標。而透過大幅刪減總採購量，則可望將整個計劃的經費需求，從美國陸軍稍早在一九九〇年二月估計的四百五十七億美元，降到三百五十四億美元，不過平均單位成本也將因此從一千四百八十萬美元攀升到兩千七百四十萬美元。

計劃重組後，原本的展示與驗證階段被分為兩個階段，第一階段為競標發展階段，第二階段則將完成承包商選定與原型系統設計，然後再進入全尺寸發展階段。

無論如何，雖然被迫延長計劃時程，採購量也被削減了將近百分之四十，但陸軍總算暫時保住了LH計劃，讓開發工作得以繼續進行。

■ 兩組LH競標團隊在展示與驗證（Dem/Val）階段決標前夕發表的廣告文宣，呈現了各自設計提案的特色，上為第一隊在1990年5月發表的廣告，此時計劃仍稱為LHX，下為第一隊於1990年稍晚在廣告中發佈的解剖圖，提供了較上一張圖更多的細節特徵，包括感測器的配置、收放式起落架、內藏式武器艙與動力系統等等。

FIRST TEAM LH: DESIGNED TO FIGHT ANYWHERE IN THE WORLD...AND WIN!

競標贏家出爐

一九九一年四月是後冷戰時代美國武器系統發展史上一個重要月份，美國陸軍的LH直升機計劃，與美國空軍的先進戰術戰機兩大軍機開發計劃，都在這個月份宣佈開發競標的獲勝者，從而也改變了後冷戰時代的美國軍機產業格局。

經過延長的選商程序後，美國陸軍於一九九一年四月五日宣佈，由波音—塞科斯基的第一隊贏得LH計畫展示與驗證階段的競標，不過並不是直接授予全尺寸發展合約，而是與獲勝團隊簽訂一份價值兩億四千一百萬美元的展示與驗證原型機建造測試合約。

依照美軍標準的武器系統獲得程序，當展示與驗證階段決標之後，接下來便應進入全尺寸發展階段，但美國陸軍在LH計劃的概念展示與確認及全尺寸發展兩個階段之間，插入了一個「展示與驗證第二階段」。

美國陸軍一九九一年四月授予第一隊的這份合約，是LH開發計劃總值十九億五千六百萬美元的成本附加獎勵條款合約一部份，美國陸軍要求第一隊在為期五十二個月的展示與驗證第二階段內，交付四架試飛用的展示與驗證原型機、一架用於任務設備套件測試的靜力測試用機體，與一架用於動力元件測試的推進系統測試平臺（Propulsion System Test-Bed, PSTB）。

美國陸軍在這份合約中，另外附帶了價值九億美元、為期三十九個月的全尺寸發展階段選項，若展示與驗證原型機能夠符合陸軍訂出的關鍵性能指標，即可啟動全尺寸發展階段作業。美國陸軍預定的原型機首飛時間為一九九四年八月，達到初始作戰能力時間為一九九八年十二月，採購總數定為一千兩百九十二架，另附有增購到一千六百八十一架的選項。

在稍後的四月十五日，美國陸軍正式將LH的編號定為RAH-66，其中，R代表偵查，A代表攻擊，H代表直升機，並依照以印第安部族名為直升機命名的傳統，給予了卡曼契（Comanche）的命名。而波音與塞科斯基建造的展示與驗證原型機則賦予YRAH-66的編號。

別出一格的計劃程序

相較於美軍正常的武器系統開發程序，美國陸軍對LH計劃的程序安排顯得比較特別。

一般來說，在決定展示與驗證階段獲勝者後，便會與獲勝廠商簽訂全尺寸發展合約、直接進入全尺寸發展階段，不過由於缺乏經費，LH計劃在先前的展示與驗證早期階段中，並未讓兩組競標團隊進行原型機試飛，改在後來的展示與驗證第二階段中「補課」，由獲勝廠商先進行原型機測試，以便驗證系統的成熟性並協助降低風險，待確認設計、工程與支援性等方面都能符合整體系統需求後，再進入全尺寸發展階段。

經由這樣的程序調整，也讓美國陸軍得以省下部份原型機建造測試的費用，只需讓贏得展示與驗證階段競標的那一組團隊進行原型機驗證即可，而不是在展示與驗證階段競標階段讓兩組競爭團隊都進行原型機測試。儘管程序上有所簡化，但陸軍仍依循了錢尼先前做出的改組計劃、延長技術驗證時間的指示，並回應了外界對於LH計劃時程規劃過於冒進的批評，陸軍並未讓展示與驗證階段競標獲勝團隊直接進入全尺寸發展階段，而是經過一個展示與驗證第二階段的過渡，程序上仍相對謹慎，先在展示與驗證第二階段建造中，展示與驗證用的驗證原型

■ 1991年1月LH計劃決標前夕，超級隊所發表的廣告，可看出超級隊也和競爭對手第一隊一樣，選擇在機鼻配置感測器，這個位置雖然較不利於隱蔽(操作感測器時須暴露更多的機體)，但可避免桅頂感測器所遇到的主旋翼干擾問題。

機，然後在後續的全尺寸發展階段，會再另行建造全尺寸發展用的原型機。

相較下，同時期進行的美國空軍先進戰術戰機計畫與美國海軍A-12攻擊機計劃，則各有不同做法。

資源豐富的美國空軍最為中規中矩，先在展示與驗證階段讓兩組競標團隊各自建造展示與驗證原型機進行試飛，然後由展示與驗證階段的獲勝者獲得全尺寸發展合約；而經費窘迫的美國海軍，對A-12計劃的程序安排還比美國陸軍的LH計劃更為簡化，不僅展示與驗證階段未進行原型機測試，確定展示與驗證階段獲勝者後也未進行任何驗證性的原型機測試，而是直接跳到建造全尺寸發展原型機，這種做法雖然更省錢、省時，但未經過充分驗證就投入全尺寸發展階段，也帶有更大的技術風險。

■ 波音—塞科斯基團隊一九九〇年發表的LH設計案全尺寸模型（上）（下），呈現了該團隊方案更多的特徵，如設於機頭的感測器，以及可視需要安裝在機體兩側的附加固定式短翼，這組短翼可在二十分鐘內完成安裝，用於提供額外掛載點，以攜載額外的武器或副油箱。上為未安裝短翼的「乾淨」構型，下為安裝短翼的強化武裝構型。

至於第一隊贏得LH計劃合約的主要原因，官方說法是該團隊在成本與風險管理兩方面都居於優勢。

首先是更低的報價，美國陸軍LH計劃經理安德生（Ronald Anderson）將軍在宣佈競標獲勝者後表示，獲勝團隊提出的八百五十萬美元單位飛離成本，比競爭對手低了四十萬美元。

其次是更低的技術風險，當時的美國陸軍部長史東（Michael Stone）指出，在能否符合生存性、致命性與更低的操作成本等方面的需求上，第一隊的提案讓陸軍更具信心。事實上，第一隊的設計確實也較競爭對手更為成熟與穩妥，如在兩組團隊設計提案區別最顯著的機尾主旋翼反扭力（Anti-Torque）系統方面，第一隊採用的機尾導管風扇，就比超級隊的NOTAR更為成熟，而且已在現役機型上累積了更充分應用實績，相較下，NOTAR則是一種全新、仍處於試驗階段的技術，更糟的是，當時超級隊也在NOTAR的發展上遇到一些問題。

早先美國陸軍曾打算在LH計劃的每個階段都進行競標，即使到了量產階段，也希望開發團隊的兩家主承包商，能各自維持一條完整的組裝線，以便逐年在兩家主承包商間進行量產配額的競爭，進而透過競爭關係，來提高廠商的生產效率。

不過隨著LH直升機採購量的大幅削減，維持兩條完整組裝線成了一件經濟上無法承受的重擔，迫使美國陸軍放棄了這個想法，決定改採由兩家承包商分別負責生產不同部件的傳統方式。

其中後機身、主旋翼與任務設備套件是由波音位於賓州費城的廠房負責建造，搭配塞科斯基位於康乃迪克州基史特拉福（Stratford）廠承造的前機身、傳動系統與武器系統，以及LHTEC公司提供的T800發動機，最後由波音費城廠負責全機的總組裝。

■ 蘇聯集團的解體，讓原先以在歐洲戰場對抗華沙公約組織為核心的美國陸軍作戰構想、單位部署與裝備發展都失去立論基礎，被迫按照新的形勢重新調整既有的主要武器系統發展計劃。照片為美國陸軍駐防於西德的M1A1戰車。

■ 蘇聯解體的瞬間。蘇聯總統戈巴契夫於一九九一年十二月二十五日的電視演說中宣佈辭職：「我將要終止我擔任蘇聯總統這一職位所履行的一切行為」，演說完畢隨即扔下講稿，伴隨著這一動作，蘇聯六十九年的歷史也宣告終結，隨著蘇聯的消失，也讓美國一系列以對抗蘇聯為目的的武器系統開發計劃，頓失存在的意義與正當性。

後冷戰時代的開發計劃重組

藉由對計劃內容作出調整與縮減，美國陸軍終於成功地在一九九一年四月讓LH計劃進入正式的工程研發階段，但在這個時間發生的一系列重大政治事件，又再次衝擊了整個計劃。

首先是華沙公約組織的瓦解。華約組織六個會員國的外長與國防部長，在一九九一年二月二十五日的集會中宣佈，華約組織的軍事機構將於該年四月一日解散，稍後華約組織各會員國領導人於同年七月一日正式簽屬了解散的議定書與公報，於是與北約對峙了四十五年的華約組織就此消失；緊接著在同年年底，由於各加盟共和國的獨立風潮無可遏止，蘇聯總統戈巴契夫於一九九一年十二月二十五日辭職，隔日蘇聯最高蘇維埃通過最後一項決議，宣佈蘇聯不再存在。

於是當美國大眾結束一九九二年新年假期、回到工作崗位後，赫然發現昔日威脅已經消失，原來的假想敵國國內正陷入一片改革初期的混亂中，在這種情況下，不加調整的繼續執行原來的軍備開發計劃，顯然不合時宜。

儘管在此之前的兩年多時間內，冷戰對峙情勢便已大為和緩，但和緩並不意味著威脅消失，而現在威脅是真正消失了，國家安全需求的目標也頓時模糊起來。無論如何，為因應新的情勢而進一步削減國防開支，重新調整國家資源分配方向將成為無可避免之事。於是擺在美國國防決策者眼前的難題，便在於如何在收縮預算規模的前提下，持續確保美國軍事技術的優越性。

於是在一九九二年開始準備新一年度的預算編列時，國防部長錢尼宣佈，五角大廈仍會繼續為新一代武器發展計劃撥款，但支持發展並不保證一定會投入量產。基於這項政策，掌管卡曼契計劃管理辦公室（PMO）的新任計劃經理穆林准將（Orlin Mullen）決定：繼續進行卡曼契的研發作業，但無限期擱置確認投入量產與否的決策。

第三次計劃重組

錢尼的指示，立即對卡曼契計劃產生了深遠的影響，美國陸軍被迫對卡曼契計劃進行了自一九八八年與一九九〇年兩次重組後的第三次計劃重組。

新政策更加強調對所有關鍵元件的驗證，包括航電、T800發動機與長弓（Long Bow）毫米波射控雷達系統。原型測試階段再次被延長了兩年，從一九九五延長到一九九七年，原型機的建造數量從四架降到三架，靜力測試用機體的建造被取消（稍後又被恢復），原型機首飛時間延後一年到一九九五年八月。美國陸軍不僅取消了原先在一九九一年四月簽訂合約中所擬定的時程安排，也取消了附帶的讓計劃進入全尺寸發展階段的選項。

負責裝備獲得、技術與後勤的助理副國防部長約克奇（Donald Yockey），在一九九二年十二月十五日簽署的獲得決策備忘錄中，批准了美國陸軍調整後的卡曼契採購策略。這份備忘錄授權卡曼契計劃經理穆林准將繼續執行這項計劃，但僅限於以下幾個項目：

(1)建造三架原型機；(2)搭配T800功率提升型發動機進行飛行測試，以及(3)針對提案中用於卡曼契的機載機砲，進行額外的測試。

整個展示與驗證原型測試階段從五十二個月延長到七十八個月（從一九九一年四月到一九九七年十月），至於接下來的工程製造發展（Engineering and Manufacturing Development, EMD）階段（即先前的全尺寸發展階段，一九九一年後更名為工程製造發展階段），雖未獲得授權，但暫定為六十個月時間，估計需要二十八億八千兩百萬美元經費。

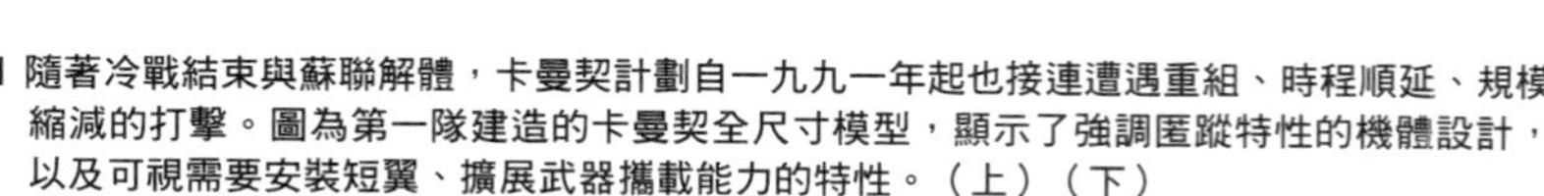

■ 隨著冷戰結束與蘇聯解體，卡曼契計劃自一九九一年起也接連遭遇重組、時程順延、規模縮減的打擊。圖為第一隊建造的卡曼契全尺寸模型，顯示了強調匿蹤特性的機體設計，以及可視需要安裝短翼、擴展武器攜載能力的特性。（上）（下）

整體來說，國防部主導的這次計劃重組，雖然藉由延長原型測試時間，延後了啟動全尺寸發展與量產作業的時程，從而延緩了支出高額的全面工程製造發展與量產費用的時間，但相對地，也會導致整個卡曼契計劃的研發測試費用（RDT&E）增加十四億美元之多。

預算短缺問題

在卡曼契計劃重組過後不久，布希政府的國防領導班子便行卸任，從一九九三年一月底起由新上任的柯林頓政府取而代之。面對在選戰中以改善經濟、平衡財政為核心訴求的柯林頓政府，國防預算顯然將成為首要的調整目標。

儘管在柯林頓上臺之前，美國陸軍便已大幅度放緩了卡曼契計劃的執行時程，並縮減了研發工程規模，但還是無法避開新舊政權交替所帶來的衝擊。在一九九三年新年過後不久便爆發了預算短缺問題，再次迫使美國陸軍進一步調整卡曼契計劃。

一九九三年二月一次針對卡曼契計劃工程製造發展階段經費需求的審查顯示，整個計劃短缺了大約四億兩千四百萬美元經費，稍後在同年三月的計劃預算決策中，國防部又將一九九四財年原定撥給卡曼契計劃的經費削減了七千六百萬美元（其中一千一百萬美元是通貨膨脹造成的削減）。加上預定在一九九五財年削減的一千九百萬美元，造成整個卡曼契展示與驗證階段將會出現九千五百萬美元的經費缺口。

面對經費短缺的問題，陸軍卡曼契計劃經理與波音及塞科斯基代表於一九九三年九月的會議中，決定再次重組計劃，透過採用新的、花費更少的開發與測試執行方式，來適應實際的經費獲得情況。

針對一九九四財年的經費削減，陸軍相對應的延後了原訂在一九九四與一九九五財年進行的測試作業、T800發動機整合作業，以及訓練發展作業，另外陸軍還刪去了在展示與驗證階段進行長弓雷達整合的項目（延後到工程製造發展階段再進行）。這些時程延後與削減計劃內容項目的措施，總計可節省一九九四財年的計劃開支達六千五百萬美元。

引進「流線化」開發策略

雖然在布希政府時代，便已針對當時主要軍機開發計劃進行了一項總體檢討性的《主要飛機評審》（MAR）報告，不過當時間進入柯林頓時代後，三年前完成的《主要飛機評審》報告已有許多地方不合時宜，於是新任國防部長亞斯平（Les Aspin）上任後，便指示五角大廈擬定一份綜合性的《通盤檢討》（Bottom Up Review, BUR）報告，全面性的檢討各軍種的準則、部隊結構與裝備現代化計劃。

一九九三年九月發表的《通盤檢討》報告，是冷戰結束後影響美國軍力發展至深的一份關鍵文件，確立了影響力延續至今的後冷戰時代美國軍力基本結構與規模（註一），並重新檢討了當時規劃與執行中的軍備開發計劃。針對陸軍的卡曼契計劃，《通盤檢討》報告認為卡曼契計劃還有許多開發工作需要進行，在技術與成本兩方面都面臨了相當高的風險，建議仔細監督整個計劃的執行，不過該報告也確認了透過卡曼契改善陸軍即時戰場情報能力的重要性。

註一：《通盤檢討》報告將美軍規模定為：陸軍十個現役師，海軍十一個航艦戰鬥群、四十五至五十五艘核子攻擊潛艇、總數約三百四十五艘的軍艦，陸戰隊為五個現役旅，空軍為十三個現役與七個預備役戰機聯隊。

在一九九三年接下來的大部份時間中，以穆林准將為首的卡曼契計劃辦公室，嘗試推動一種稱為「流線化」（streamline）的新策略，也就是設法合併展示與驗證階段與工程製造發展階段的部份作業，從而達到減少開支、並促進盡早達到初始作戰能力的目的。

卡曼契計劃辦公室要求波音與塞科斯基，針對計劃關鍵領域擬定採行「流線化」策略的需求，包括時程、預算需求與承包商後勤支援計劃的擬定等，並協助確認可應用在這種策略上的種種措施。

負責裝備獲得、技術與後勤的首席助理副國防部長Noel Longuemare在一九九四年二月十六日，授權陸軍卡曼契計劃經理開始實施「流線化」策略，不過僅限於在一九

■ 一九九三年上任的柯林頓總統（右）與其首任國防部長亞斯平（左）合影。亞斯平就任不久後於一九九三年九月發表的《通盤檢討》報告，是冷戰結束後影響美國軍力發展至深的一份關鍵文件，確立了影響力延續至今的後冷戰時代美國軍力基本結構與規模，對卡曼契計劃的發展也造成關鍵性的影響。

九四與一九九五財年內、短期的重新調整展示與驗證階段合約相關作業。主要的目標包括：執行成本效益權衡分析、量產階段規劃，並基於「流線化」策略制定明確的成本削減分析文件。

在為一九九四財年爭取到額外五百萬美元經費後，穆林准將向波音與塞科斯基提出了以下幾點指示：

◆停止建造三號原型機（所以飛行測試用原型機將只剩兩架）。

◆在因應「流線化」策略的調整中，不能包含削減通信能力，或導致整合升級能力的降低。

◆為長弓雷達的發展提供有限的支援，確保在長弓雷達的發展中，保有整合到卡曼契上的能力。

基於美國陸軍的指示，波音與塞科斯基在一九九四年四月二十五日提出了新的發展計劃。一個月後，國防部國防採購委員會的傳統系統委員會（Conventional Systems Committee, CSC），集會審查基於「流線化」策略的卡曼契計劃，該委員會認為新計劃大致上是可行的，不過也擔憂若同時納入過多的工程製造發展更動項目，將使這個計劃承擔過多的風險。穆林准將則表示，這些擔憂可透過放慢開發與量產速度來解決。

新的時程規劃把首架量產機的交付時間提前了一年，但整個量產速率則大幅放慢，將頭六年的總產量降低百分之六十二・五（從四百零八架降為一百五十三架），達到全速量產產能的時間延後一年，頭六年內所達到的尖峰量產速率也降低百分之四十（從年產一百二十架減為年產七十二架）（註二），如表一所示。

表一　一九九二年卡曼契計劃重組前後的量產規劃

財政年度	1992計劃重組前	1992計劃重組後
FY00	0	3
FY01	24	8
FY02	48	10
FY03	96	12
FY04	120	48
FY05	120	72

在卡曼契計劃管理辦公室引進「流線化」策略的同時，訓練與準則司令部的卡曼契計劃經理也更新了六年前制訂的作戰需求文件，使之適應蘇聯解體以後的新環境需要，一共新增了九項需求，並修訂或澄清了二十三項原有需求，最後陸軍於一九九三年四月二十八日批准了修訂的卡曼契作戰需求文件。

註二：在卡曼契計劃尚未重組前、預期總產量仍為兩千零九十六架的一九九〇年中，美國陸軍規劃的尖峰量產速率是兩百一十六架（每年）。

卡曼契原型機的設計與建造

在美國陸軍於一九九二年與一九九四年兩次重新修訂卡曼契開發計劃的同時，波音與塞科斯基的原型設計作業也持續進行，先在一九九二年初通過了預備設計評審（Preliminary Design Review, PDR），稍後在一九九三年十二月通過關鍵設計評審（Critical Design Review, CDR），得以開始原型機的建造工程。

在通過關鍵設計評審之前的一九九三年九月，承包團隊便先行展開首架YRAH-66原型機的第一個元件製造作業。接下來在同年十一月二十九日，分別在塞科斯基的史特拉福廠與波音費城廠，正式開始一號原型機的前、後機身組裝作業。推進系統測試平臺則由塞科斯基史特拉福廠建造，稍後靜力測試用機體亦於一九九四年九月被送到史特拉福。

與此同時，LHTEC公司亦從一九九四年三月開始T800功率增長型T800-LHT-801的試車，相較於基本型T800-LHT-800，T800-LHT-801的額定輸出提升了將近百分之二十。另外波音—塞科斯基團隊也在塞科斯基的旋翼測試塔上開始了旋翼系統測試，包括機尾導管風扇的一百小時耐久性測試。

推進系統測試平臺建造完成後，便被送到塞科斯基位於佛羅里達西棕櫚灘（West Palm Beach）的測試場，搭配T800發動機從一九九五年開始進行動力系統試驗，包括首次持續十小時的雙發動機百分之百扭力輸出測試。然而後來進行的百分之一百一十動力輸出試驗中，由於左發動機輸出斜面齒輪發生碎裂意外，碎片還擊穿了主齒輪箱基座，造成推進系統測試平臺測試失敗，事後調查顯示是共振導致了這次事故。

儘管發生了動力系統試驗意外，不過在卡曼契在原型設計階段特別值得稱道的是重量控制頗為成功。在展開展示與驗證階段的前、後時期，LHX計劃曾受嚴重的超重問題所苦，美國陸軍最初設定的空重規格是七千五百磅（三千四百零二公斤），但稍後在一九八七年時估計，若要納入當時所有構想中的裝備、並滿足所有性能需求，則機體重量將會超重兩千三百磅之多，比原始重量規格足足超出了百分之三十，這樣大的超重幅度顯然是難以接受的。而兩組LHX競標團隊在一九八九年初也承認，僅僅在任務設備套件方面，就比目標超重了百分之十或百分之十五。

不過透過對於系統與功能的取捨，以及工程方面的努力，當波音－塞科斯基團隊贏得展示與驗證階段競標、實際著手卡曼契原型機設計時，超重問題便已有所緩解。美國陸軍允許在原型機與初期量產批次有較大的超重，從原型機到Lot 2批次量產機間逐步達到七千五百磅空重的目標。

另一方面，美國陸軍亦在一九九二年初調整了空重規格，從七千五百磅提高到七千七百六十五磅（三千五百二十二公斤），增加了兩百六十五磅（一百二十公斤），以便因應增設長弓射控雷達的需要。

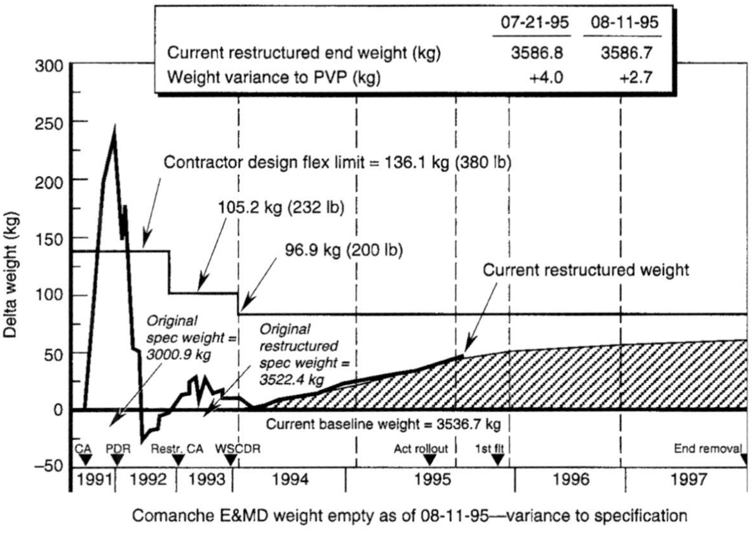

■ 為因應建造卡曼契的全複合材料機體需求，波音與塞科斯基都引進許多新的生產機具，圖為塞科斯基廠房組裝中的卡曼契一號原型機。

■ 在塞科斯基位於康乃迪克橋港（Bridgeport）工廠組裝中的卡曼契一號原型機前機身，這具前機身已經完工了大約百分之七十五，正從二號夾具站被移到三號夾具站。

在一九九二年底計劃重組之前，美國陸軍給予了設計團隊額外三百八十磅的重量彈性餘裕，在一九九二年初的預備設計評審時，原型機設計案雖然一度超重多達五百磅，但透過精簡設備與重新設計，到一九九三年底的關鍵設計評審時，超重幅度便已降到不到二十磅。後來隨著細部設計的進行，機體空重雖然又逐漸增加，但在一九九六年以前，超重幅度一直都沒有超過美國陸軍後來訂出的兩百磅上限內。

	07-21-95	08-11-95
Current restructured end weight (kg)	3586.8	3586.7
Weight variance to PVP (kg)	+4.0	+2.7

Contractor design flex limit = 136.1 kg (380 lb)
105.2 kg (232 lb)
96.9 kg (200 lb)
Current restructured weight
Original spec weight = 3000.9 kg
Original restructured spec weight = 3522.4 kg
Current baseline weight = 3536.7 kg
Delta weight (kg)
CA PDR Restr. CA WSCDR Act rollout 1st flt End removal
1991 1992 1993 1994 1995 1996 1997

Comanche E&MD weight empty as of 08-11-95—variance to specification

■ 卡曼契發展初期的機體空重變化。除了在預備設計評審（PDR）時有較嚴重的超重問題外，從關鍵設計評審（CDR）過後，便一直維持在陸軍設定的合約彈性限制下。

Chapter 6

第六章 獨一無二的匿蹤直升機卡曼契的設計特性

由波音直升機與塞科斯基兩家公司聯合研製的RAH-66卡曼契(Comanche)，是在LHX與LH計劃下，針對美國陸軍二十一世紀戰場偵搜與攻擊任務而開發的直升機。

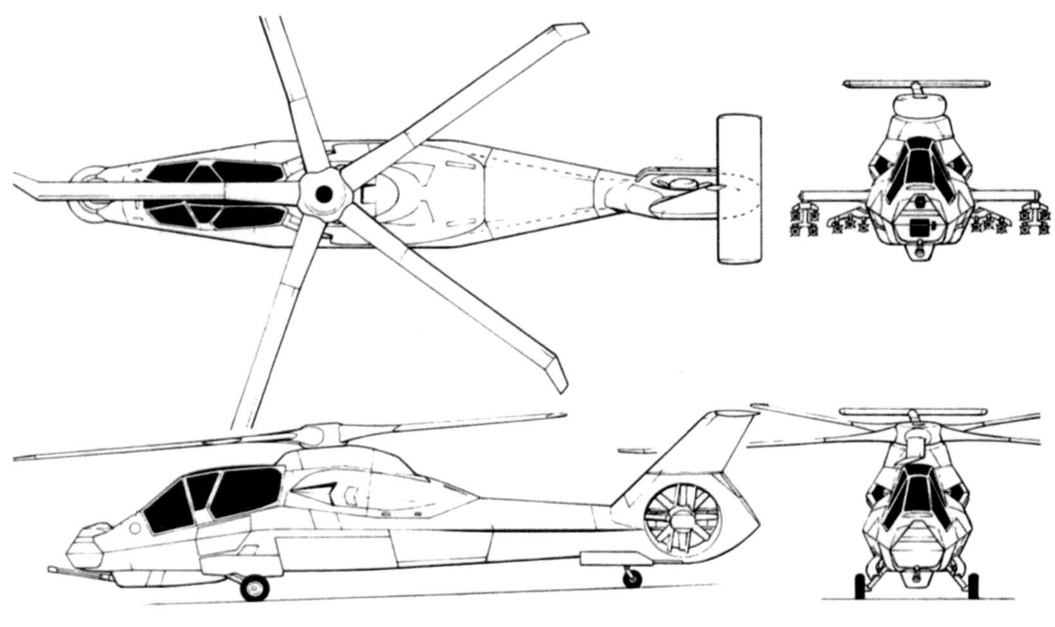

■ RAH-66卡曼契的三視圖。

美國陸軍最初在一九八四年啟動LHX計劃時，為這種偵搜攻擊直升機初步設定了七千五百至八千磅（三千四百零二至三千六百二十九公斤）的任務總重，是一種介於OH-58D與AH-1之間的輕型直升機。

後來隨著任務與技術需求逐漸具體化，當一九九一年正式簽訂卡曼契開發合約時，需求規格已改為機體空重七千五百磅（三千四百零二公斤）、主要任務重量一萬零二十二磅（四千五百四十六公斤）、自力部署任務總重一萬六千八百磅（七千六百二十公斤），此時卡曼契的重量已經超過AH-1S/F等單發動機型眼鏡蛇，直追AH-1W雙發動機型眼鏡蛇，成為一種不折不扣的中型直升機。

在基本設計方面，卡曼契屬於單主旋翼型直升機，採用五葉式無軸承單主旋翼、搭配導管風扇式尾旋翼組成的旋翼系統，結合縱列雙座座艙機身、兩具T800渦輪軸發動機、T型尾翼組，可收放的後三點式輪型起落架，以及用於執行偵搜與攻擊任務的感測器與武器系統等設計，為了滿足美國陸軍定出的作戰需求，還擁有了一系列直升機開發史上前所未見的嶄新設計，其中最重要的便是匿蹤性。

表一 RAH-66卡曼契諸元

機身長度	13.20m
總長度	14.28m
主旋翼直徑	11.90m(1) 12.19m(2)
尾導管風扇直徑	1.37m
機身寬度	2.04m
總高度	3.37m
空重	4,218kg
任務重量	5,601kg
最大起飛重量	7,896kg
最大航速	324 km/h(3) 307 km/h(4)
巡航速度	306 km/h(3) 276 km/h(4)
垂直爬升率	273 m/min(3) 152 m/min(4)
作戰半徑	278km(內載燃油)
飛送航程	2,222km
耐航力(標準燃油)	2小時30分

(1)YRAH-66。
(2)RAH-66。
(3)不含桅頂雷達。
(4)含桅頂雷達。

卡曼契的匿蹤設計

為了適應二十一世紀的戰場環境，卡曼契是世界上第一種將匿蹤列為基本設計需求的直升機，設計上特別講求抑制雷達、紅外線、聲音與光學目視方面的訊跡。

降低雷達訊跡的措施

針對雷達訊跡的控制，卡曼契採用了可減小與控制雷達截面積（Radar Cross Section, RCS）的匿蹤外型設計、高比例的複合材料應用，並透過先進製造技術與縮小機體接合接縫的公差。

■ 卡曼契的機身採用近似六邊菱形的截面，可避免一般直升機的圓柱體或半球型機身截面，造成強烈雷達波散射的問題，武器採用內藏式武器艙攜帶，起落架亦為可收放式，以便維持機體的匿蹤外型。

卡曼契整個機身從頭到尾都採用了目的在於控制雷達訊跡特性的外型設計。機頭的光電感測器轉塔為帶折角的菱型角柱形狀，有助於消散入射的雷達波。機身則由兩個半平面折角構成近似六邊菱形的截面，可避免一般直升機的圓柱體或半球型機身截面，造成強烈雷達波散射的問題，同時這也增加了機身內部可用容積，便於設置內藏式武器艙。尾衍亦採用了與機身相同的傾斜表面設計，可偏轉反射雷達波，使其不能返回到雷達方向。

卡曼契機尾的導管風扇向左側傾斜，垂直安定面則向右傾斜，然後再於垂直安定面頂端佈置水平安定面，藉此避免產生會形成強烈反射雷達信號的九十度夾角反射器構型。

對於一般直升機來說，發動機進氣道是機身正面方向最強的雷達反射源之一，而卡曼契則將兩具發動機包藏在機身上部，進氣道埋設在機身兩側，進氣口也採用菱形，不會對雷達形成強反射。

卡曼契的主旋翼槳殼與旋翼葉片根部都加裝了整流罩，遮蔽了槳殼與葉片之間的連結與變距等機械機構，並形成了平滑過渡的融合構型，同樣有助於減少雷達波反射。主旋翼葉片的形狀同樣也考慮了減低雷達訊跡的要求。

除了採用低雷達截面積的機體外部構型，卡曼契另一項縮減雷達截面積的外型設計措施，是採用內置式武器艙，以及收放式的起落架與20mm機砲砲塔，鉸接在武器艙門上的武器與後三點式起落架，在不使用時都可收進機身，20mm機砲亦可向後旋轉一百八十度收進砲塔整流罩內，從而維持機身整體的匿蹤外形。攜掛額外彈藥與副油箱用的外部短翼，則設計為可拆卸式，當執行武裝斥候等不需要額外彈藥或燃料的任務時，可卸下短翼維持機體的高匿蹤性。

對於匿蹤飛機來說，除了採用低雷達截面積的外型設計，製造組裝過程中的機體表面處理技術水準，也會對匿蹤效果造

■ 卡曼契機身設計全面考慮了降低雷達訊跡的需求，機頭用於安裝光電感測器的轉塔採用利於消散雷達波的菱形角柱造型，主旋翼槳殼與旋翼頁片根部包覆了遮蔽旋翼機械構造的整流罩、形成平滑外型，垂直安定面亦向左偏，以避免與水平安定面形成容易造成強反射的九十度夾角。

成關鍵性的影響。波音與塞科斯基在RAH-66的製造過程中，使用了以達梭CATIA 3D設計軟體為基礎的先進設計與製造系統，可確保機體零部件組合時接縫的公差，進而確保了低雷達截面積目標的實現。

為了進一步降低雷達截面積，卡曼契還廣泛使用了複合材料，複合材料占機體重量的比例超過一半，不僅有助於降低雷達訊跡，也減輕了重量。

抑制紅外線訊跡的措施

卡曼契是第一種在機體基本結構設計中，整合了紅外線抑制技術的直升機。多數軍用直升機的紅外線抑制措施，都只是針對發動機艙與排氣尾管設計，而卡曼契則是把紅外線抑制構造整合到機身中，採用了非常特別的帶狀（ribbon)排氣系統。

卡曼契的帶狀排氣系統設於後機身與尾衍兩側，左右兩具發動機各有一組，由連接在發動機後端的擴散導管（diffuser)，與設於尾衍兩側狹長的帶狀多葉片排氣槽組成，兼有排氣混合與消音的雙重作用，可使機身附近的發動機排氣溫度降低近一半。

噪聲抑制對策

噪聲是直升機的一大訊跡來源，往往是噪聲導致直升機暴露行蹤，故抑制噪聲也成了卡曼契匿蹤設計上的一項重點。

直升機的噪聲來源主要來自旋翼與發動機，卡曼契的抑制噪聲措施也是針對這兩個方面。

為了減低主旋翼的運轉噪聲，卡曼契採用了翼尖後掠的主旋翼葉片，可使噪聲聲壓等級減少二至三分貝，藉此可讓卡曼契的五葉式主旋翼的噪聲，與輕、中型直升機的兩葉式主旋翼難以分辨。另外由於卡曼契的主旋翼葉片是由複合材料製成，可依照減輕後行槳葉失速的需求，沿著整個翼展改變葉片的翼型與曲度，整個葉片從翼根到翼尖的翼型與彎曲度都是變化的，旋翼旋轉時、當前行的槳葉外段達到高速時，可使後行槳葉不致失速，因此卡曼契在九十節以下低速飛行時便可降低旋翼轉速，從而也降低了旋翼噪音。

卡曼契採用的導管風扇式尾旋翼，由於消除了主旋翼與尾旋翼尾流之間的相互作用，因而也有減小噪音的效果。在卡曼契研發之初，導管風扇尾旋翼其實沒有降低噪音的效果，當時應用導管風扇尾旋翼的直升機，噪音甚至還比採用傳統開放式

■ 卡曼契採用了整合在機身內的發動機紅外線訊跡抑制系統，如圖中可見，發動機尾管接著大型的排氣擴散導管，發動機排出的廢氣經由擴散導管與冷空氣混合，再送到尾衍兩側的帶狀排氣槽向下四十五度排出。

■ 塞科斯基改善了過去導管風扇尾旋翼噪音過大的問題，並透過S-76B扇尾鷹實驗機驗證了改進效果。

卡曼契的發動機排氣系統

多數直升機都是將發動機排氣口直接設於發動機艙後方，也就是機背位置。但卡曼契的發動機排氣設計十分特殊，是將排氣從發動機尾部引導到設於尾衍兩側的帶狀排氣槽，尾衍兩側各有一排呈長條形的百葉窗式排氣混合／消音器（有些類似F-117發動機噴嘴設計），可將發動機廢氣以向下四十五度角排離機體。

兩具T800發動機從尾管排出的廢氣，先分別排入位於後機身內部兩側的擴散導管，同時以五比一的比例將冷空氣混入發動機排放廢氣，最後再從排氣槽排出。其中冷空氣是透過機背吸氣口、單純依靠機體表面自然流動產生的吸力吸入，因而可省略會增加噪音的風扇。透過這套帶狀排氣系統，靠機身附近的發動機排氣溫度可將低一半。

透過這套系統，可將卡曼契從側面測量到的紅外線輻射信號強度，降到相當於OH-58D的百分之五十，或阿帕契的百分之二十五。

■ 卡曼契兩具T800發動機的尾管分別連接到一組擴散導管上，然後透過這組擴散導管將排氣送到尾衍的帶狀排氣槽排出。最上圖為連接發動機後端的擴散導管前端，中為連接帶狀排氣槽的擴散導管末端，下為設於尾衍兩側的帶狀發動機排氣槽。

尾旋翼的直升機更大。塞科斯基簡單分析後發現，導管風扇的噪聲是支撐桿過於靠近風扇導致共振所產生，把風扇和支撐桿間距拉開後，便能得到理想的噪聲表現，透過S-76扇尾鷹實驗機的實際試飛，塞科斯基驗證了這種做法的降噪效果。

針對發動機的噪聲，卡曼契的帶狀排氣口則兼有消音器的效果。

光學目視訊跡的抑制

除了針對雷達、紅外線與噪音方面的訊跡抑制外，卡曼契也沒有忽略最基本的光學目視訊跡抑制。

卡曼契採用了攻擊直升機常用的縱列座艙，有縮窄機身截面、減小目視發現機率的效果，但由於降低雷達訊跡的需求，同時也採用了藏於機身內部兩側的內置式武器艙，因此機身截面仍要比同級的攻擊直升機略大一些，儘管如此，在偵搜任務等不需要使用額外彈藥或副油箱的場合，卡曼契可僅以內置武器艙攜載的彈藥值勤，無需使用外部短翼來攜帶武器，再搭配可收放式起落架，機身可視訊跡仍低於只能使用外部短翼攜載武器、並採用固定式起落架的一般攻擊直升機。

卡曼契的座艙罩採用可減少日光漫射的平板玻璃，全機表面則塗覆無反光的暗色塗料，這些措施同樣有利於減少目視訊跡。另外卡曼契的五葉式主旋翼亦有提高閃爍頻率、降低目視亮度，進而減少目視發現機率的效果。

■ 卡曼契透過縱列雙座座艙構型，以及內藏式武器艙、可收放式起落架設計，從而擁有很窄的機身截面積，再搭配有助於減少反光的平板座艙罩玻璃與暗色系塗裝，有效降低了遭目視發現的機率。

卡曼契的匿蹤效果

卡曼契是史上僅見的匿蹤直升機，針對雷達、紅外線、噪聲與光學目視等4大訊跡來源採取了全方位的匿蹤設計。

藉由種種抑制雷達訊跡的措施，卡曼契的機體正面雷達截面積(RCS)只有OH-58D的1/251，或是AH-64D的1/400，面對相同敵方雷達時，被偵測到的距離分別可比後兩種現役機型減少百分之七十五與百分之七十八。事實上，卡曼契的低RCS設計涵蓋了全周方位，不僅正面方向的RCS遠低於

RAH-66
OH-58
AH-64
TAIL
NOSE
SINGLE SCAN PD = 0.5
4m ALT - 40 Kts SPEED
STANDOFF KM

■ 卡曼契與OH-58D、AH-64D的雷達訊跡對比（雷達偵測條件為單次掃描，偵測概率為〇・五，直升機以四千呎高度與四十節速度飛行）。從圖中可看出，卡曼契機頭與機尾方向被雷達偵測的距離遠遠低於OH-58D與AH-64D，機身兩側的被偵測距離雖然相對較大，但仍遠低於OH-58D與AH-64D。

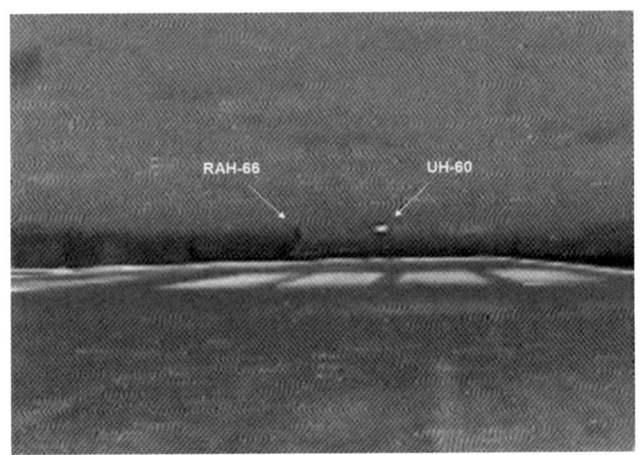

■ 卡曼契與UH-60機身後方的中波長紅外線影像對比，可看到UH-60形成一個顯著的亮點，而卡曼契的訊跡則非常不明顯。

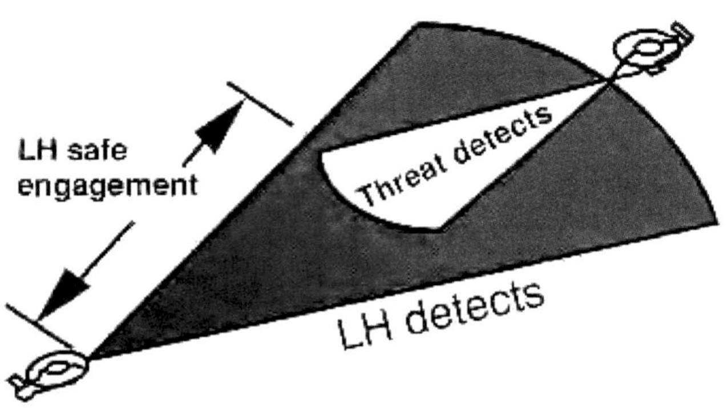

■ 藉由匿蹤的設計，卡曼契可在自身不被發現的情況下，接近敵方到自身感測器與武器系統有效距離，隱密地發起接戰，極大地提高了生存性。

表二 卡曼契與現役直升機的匿蹤效果對比

訊跡類型	RAH-66	OH-58D	AH-64D
雷達截面積 (RCS)	1×	251×	400×
紅外線訊跡	1×	1.9×	3.9×
噪聲訊跡	1×	1.8×	6.0×
目視訊跡	1×	1.2×	1.8×

現役直升機，機體側面與尾部方向的RCS同樣也遠低於OH-58D、AH-64D等機型。

除了針對雷達匿蹤的低RCS設計外，透過獨特的帶狀排氣系統，卡曼契同時也是最「冷」的直升機，紅外線信號特徵只相當於OH-58D的二分之一或AH-64D的四分之一，面對紅外線感測器的被發現機率也遠低於現役直升機。

在一般直升機難以處理的噪聲與光學目視訊跡抑制方面，卡曼契也取得了一定成果。對於噪聲訊跡，當以人耳為基準時，卡曼契被發現的距離分別是OH-58D的一・五分之一或AH-64D的一・二五分之一，採用電子聲學探測時，差距還會更大，卡曼契的噪聲只有OH-58D的一・八分之一或AH-64D的六分之一，就連被目視發現的距離，也比OH-58D與AH-64D減少百分之十七與百分之四十五。

匿蹤、低可觀測性的特性，大幅擴展了卡曼契在現代戰場上的行動自由，極有助於卡曼契的偵搜與攻擊任務，可接近敵方目標到自身感測器有效距離或武器發射距離，而仍不致被敵方發現，大幅提高了戰術靈活性與生存性。

卡曼契的基本設計

除了特別講求匿蹤性之外，卡曼契從旋翼系統、機體結構、座艙佈置，到飛行控制系統、航電與武器系統等方面的設計，也都各具特色，堪稱集一九八〇至一九九〇年代一系列先進直升機技術發展的大成。

旋翼系統

卡曼契的主旋翼為五葉無軸承式（bearingless）旋翼，這種旋翼是當前最進步的直升機旋翼型式，省略了傳統全鉸接式旋翼（Fully-articulated rotors）所需的揮舞鉸（flapping hinge）、擺振鉸（drag hinge）和變距鉸（feathering hinge），旋翼葉片直接連接在槳轂延伸出來的五支彈性樑（flex beam）上，彈性樑由複合材料製成，具備撓性，透過彈性樑的彈性彎曲即可完成槳葉的揮舞、擺振和變距運動。

旋翼葉片亦為全複合材料製造，設計上可承受一發23mm機砲砲彈的命中，葉片直徑十一・九公尺、弦長三十八・一公

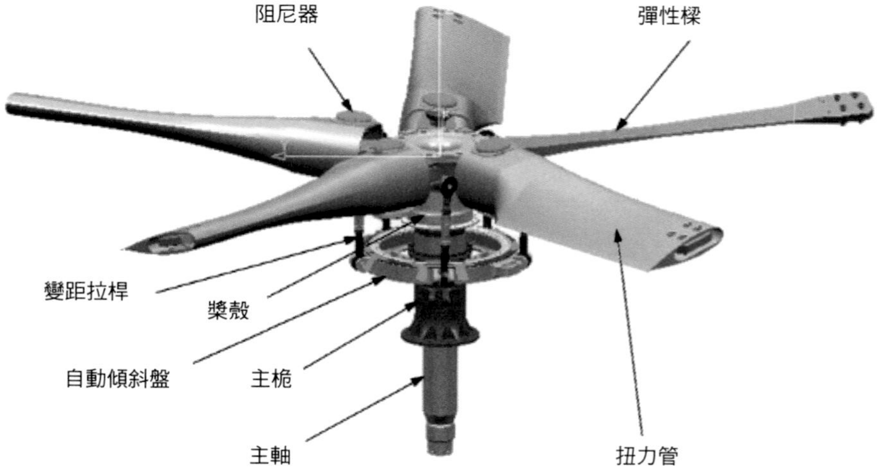

■ 卡曼契的主旋翼槳轂構造，為無軸承式設計，飛控系統透過傾斜盤帶動變距拉桿，然後再由變距拉桿帶動連接在槳轂上的彈性樑，藉由彈性樑的彈性變形來達到變距操控的目的。

分，並帶有負十一・一度的扭轉，翼型剖面隨翼展變化，從根部到百分之八十五翼展採用波音百分之十厚度的VR-12翼型，從百分之八十五到百分之九十翼展的葉片外側改用塞科斯基百分之九厚度的SSC-A09翼型，以獲得更高的最大升力係數與高的阻力發散馬赫數（drag divergence Mach number），葉片最末端百分之九是可更換的後掠翼尖。葉片根部與槳轂都外覆了整流罩。

卡曼契開發階段後期的主旋翼設計有所調整，葉片直徑延長到十二・一九公尺，翼尖也改為帶下反角（Anhedral）的後掠型式。

由於無軸承旋翼不像傳統直升機旋翼，是依靠變距鉸的機械關節動作來操控旋翼，而是以一組變距拉桿來連結傾斜盤及槳轂支臂，操縱桿的指令透過傾斜盤來驅動變距拉桿，變距拉桿即直接帶動位於旋翼葉片根部的彈性樑，藉由彈性樑的彈性變形來達到變距操控的目的，因此操縱反應敏銳，對俯仰和滾轉的操縱響應時間很短，操控品質接近固定翼機，沒有傳統全鉸接式旋翼常見的操控反應滯後現象。

RCS整形與
扭力管整流罩
前緣防蝕處理
扭力管與翼樑
後緣防蝕處理
調整片
螺栓RCS整形
旋翼葉片
連接介面整形處理
葉片上安裝壓力感測器
允許破損的
下反角翼尖

■ 卡曼契的主旋翼葉片圖解。這是帶有下反角翼尖的後期型設計，後掠的翼尖為容許破損、且可更換的設計。

■ 卡曼契機尾的導管風扇稱作「風扇尾」，含有八片寬舷葉片。

波音與塞科斯基將卡曼契埋設於機尾末端的導管風扇註冊了「風扇尾（Fantail）」的專屬名稱，透過這個設計可以滿足美國陸軍在LHX直升機規格中定出的兩項需求：在四十五節側風下進行一百八十度快速偏航迴轉的機動性，以及讓反扭力系統受到保護。第一項需求LHX直升機引進功率大幅提高的反扭力／偏航控制系統，以提供比傳統尾旋翼更強的偏航控制能力；第二項需求則否定了傳統開放式尾旋翼的設計。

卡曼契的導管風扇含有八片葉式，葉片直徑達四呎六吋（一・三七公尺），是當時尺寸最大的一種直升機導管風扇設計，可以提供充分的偏航控制能力，並且受到外覆導管整流罩的保護，當卡曼契於低空飛行時，風扇葉片不會有碰撞樹枝等障礙物的疑慮，在低面運轉時也沒有傷及地面人員的問題。風扇葉片本身亦可承受12.7mm彈藥的命中，即使一片葉片破損也能維持三十分鐘運作。

機身結構

卡曼契機身是全複合材料構造，並採用了不同於一般飛機半硬殼式（Semimonocoque）機身的全新結構設計。

■ 卡曼契的機身結構，由盒形龍骨樑構成主要的承載應力結構，蒙皮則貼附在龍骨樑上。

比起由隔框、縱樑與蒙皮共同承載應力的傳統半硬殼機身，卡曼契改以機身中央的盒形樑（box beam）作為主要承載結構，蒙皮則不承載應力，因此允許將百分之五十的機身表面蒙皮開設為可開啟的口蓋，便於設置內置武器艙的大型艙門、可收放式起落架艙門與維修用的口蓋，且維修口蓋可設在方便維護內部元件的合適位置，藉此讓卡曼契達到美國陸軍設定的雷達匿蹤與可維護性需求。

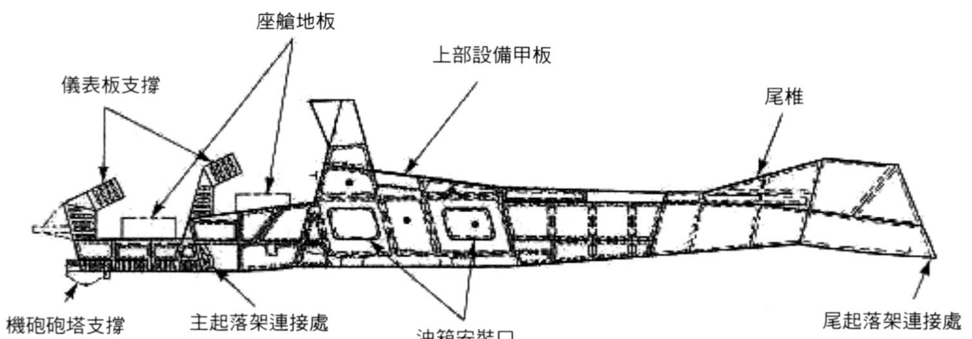

■ 卡曼契的盒形龍骨樑機身圖解

在計劃初期，卡曼契這種盒形樑機身結構曾被批評為「機身中含有另一個機身」（fuselage within a fuselage），勢必面臨重量過重的問題，而讓這種設計得以可行的關鍵，在於大量採用了複合材料，讓波音與塞科斯基研發團隊成功達到了降低重量的成本目標。盒形樑是由兩塊軸向的龍骨構件，與橫向隔框（transverse bulkheads）組成七・

■ 卡曼契擁有以盒形樑結構為基礎的全複合材料機身，在直升機開發史上是前所未見的嶄新設計。照片為塞科斯基主任工程師布魯斯・凱(Bruce Kay)與組裝完成的卡曼契機體結構合影。

五公尺長的盒狀結構，均由石墨環氧複合材料製成，同樣由複合材料製成的蒙皮再貼附到盒形龍骨樑上。

盒形翼樑結構與大量使用複合材料，正是卡曼契的一大特色與主要賣點，整個機體採用了韌化環氧樹脂、雙馬來醯亞胺樹脂、石墨環氧纖維、玻璃纖維與凱夫勒纖維（Kevlar）等多種複合材料，複合材料佔整個機體重量的比率高達百分之五十八，是迄目前為止複合材料使用比率最高的直升機，相形下，UH-60黑鷹直升機的複合材料使用比率不過百分之十三。

卡曼契機體結構中使用複合材料的部位有蒙皮、艙門、衍條、隔框、中央盒形骨樑結構、主旋翼槳殼整流罩、導管風扇外罩、垂直安定面與水平安定面。主旋翼亦使用了大量複合材料，包括撓（彈）性樑、葉片、扭力管、扭力臂、套管軸與旋翼根部整流罩等，傳動系統中的傳動軸主齒輪箱體也使用了複合材料。大範圍的使用複合材料，有效減輕了卡曼契的重量，估計可比相同設計的金屬製機體節省百分之二十三重量。

整個機身結構可以承受正三・五G到負一G的負荷，以及7.62mm、12.7mm與23mm彈藥的射擊。

卡曼契的起落架是可收放的後三點式，每個起落架上均設有一組機輪，能承受每秒三十八呎（每秒十一・六公尺）的垂直下墜衝擊。主起落架還可「下跪」放倒，藉此降低機體高度，便於空運與維修作業。

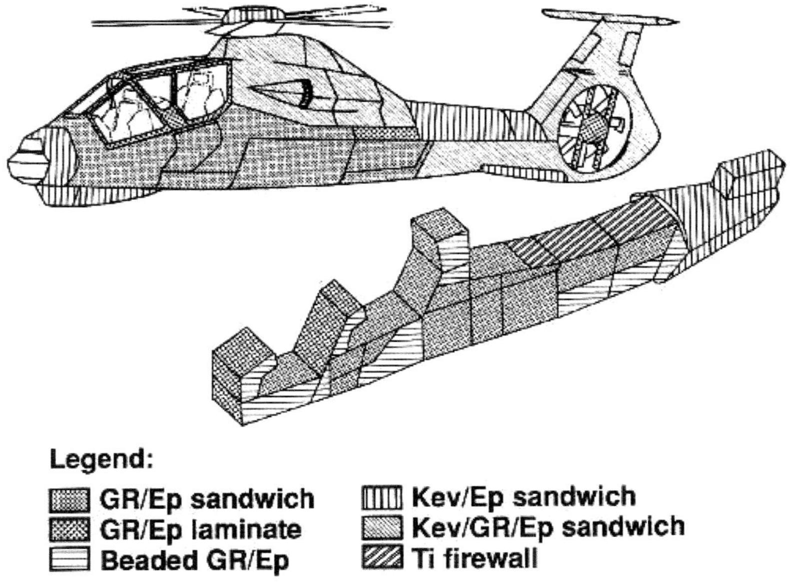

Legend:
GR/Ep sandwich
GR/Ep laminate
Beaded GR/Ep
Kev/Ep sandwich
Kev/GR/Ep sandwich
Ti firewall

■ 卡曼契的機體材質組成。機體由石墨環氧夾層（GR/Ep sandwich）、石墨環氧薄板（GR/EP laminate）、凱夫勒環氧纖維夾層（Kev/Ep sandwich）與凱夫勒－石墨－環氧夾層（Kev/GR/Ep sandwich）等複合材料組成。石墨類複合材料佔機體重量比率達到百分之五十，加上百分之八的凱夫勒纖維材料，複合材料佔機體的比率高達百分之五十八。複合材料比率居歷來直升機之冠，相形下，傳統的鋁合金所佔比率僅有百分之十。

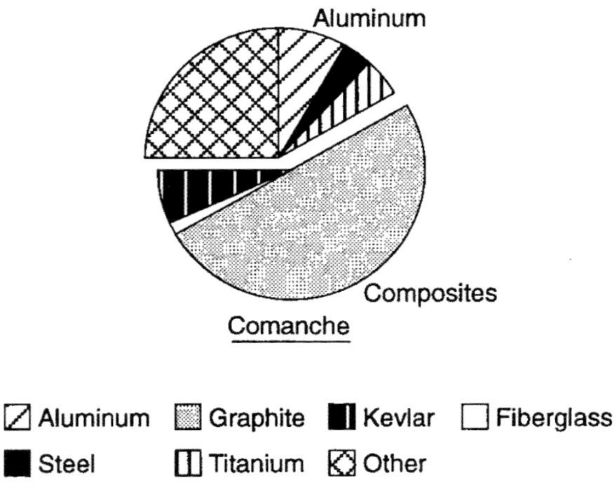

Aluminum
Composites
Comanche
Aluminum Graphite Kevlar Fiberglass
Steel Titanium Other

Comanche Airframe Material Usage

座艙佈置

卡曼契的座艙是攻擊直升機常見的縱列雙座式，但乘員的配置採用了正駕駛在前座，副駕駛兼射手在後座的設計，與大多數攻擊直升機剛好相反。

將負責飛行操縱的正駕駛設於前座，可為正駕駛提供較佳的視野，有利於在複雜地形的貼地飛行操作。而對位於後座的副駕駛兼射手來說，由於卡曼契所有射控感測器都是透過多功能顯示器操作的電子訊號型式，所以還能接受後座較差的前向視野。兩名乘員的座椅均為抗墜毀緩衝式座椅，可承受每秒三十八呎（每秒十一・六公尺）速度的垂直下墜。

■ 卡曼契採用了正駕駛在前座，副駕駛兼射手在後座的座艙配置，與一般攻擊直升機正好相反。藉由將正駕駛設置於前向視野較佳的前座，可較有利於複雜地形下的貼地飛行操作。

前、後座艙的儀表佈置基本上是一致的，都擁有以四具液晶多功能顯示器構成的「全玻璃化」儀表板、Kaiser電子公司提供的頭盔整合顯示瞄準系統（Helmet-Integrated Display and Sight System, HIDSS），以及全套的飛行操縱機構。

儀表板上的四具顯示器包括兩具8×6吋（203×152mm）多功能顯示器（MFD），與兩具3.5×7.25吋（89×185mm）的單色多功能顯示器。其中靠儀表板左側的8×6吋顯示器為單色顯示器，主要用於顯示前視紅外線（FLIR）與電視（TV）影像，儀表板右側的8×6吋顯示器為彩色顯示器，可用於顯示彩色移動地圖、戰術態勢與夜間操作。兩具單色多用途顯示器則用於顯示燃油、武器與通信資訊。

修改的起落架面板
主要警示面板
雷射/武器面板
目標搜獲系統(TAS)面板
緊急面板
單色多功能顯示器
彩色多功能顯示器
單色顯示器
單色顯示器
飛行控制面板
鍵盤組

■ 卡曼契的座艙儀表配置。前、後座的儀表基本上是一致的，透過以多功能顯示器為基礎構成的「全玻璃化」與「軟體驅動」概念，可依照前座正駕駛或後座副駕駛兼射手的不同作業需求，將多功能顯示器切換為飛行導航或武器射控顯示模式。

在系統軟體的驅動下，儀表板操作也特別講求簡化，所有戰術功能都被編入在不到三頁的選單介面內，大多數戰術功能都只需按幾下按鈕就能執行。舉例來說，OH-58D的乘員透過自動目標轉發系統（Automatic Target Handover）回報敵方位置，需要三十四個操作步驟，而卡曼契則簡化到只需五個步驟就能完成。

卡曼契的頭盔顯示器則是由標準的HUG-56/P頭盔改裝而成，以兩組1280×1024解析度的AMLCD顯示器為基礎，可以在雙目視鏡片上投影飛行資訊符號與機頭夜視導航系統（NVPS）的夜視影像，視角達35°×52°（方位×俯仰角），視角比當時用在AH-64上的單目鏡式系統大了百分之四十至百分之五十，合成的解析度則達到1716×960，亦比舊系統的640×480解析度高出許多。由於頭盔顯示器的影像是同時投影在雙眼視野內，還能減少傳統夜視鏡帶來的隧道效應問題，提供更佳的環境視覺。

■ 卡曼契的乘員座椅是Simula公司提供的抗墜毀緩衝座椅。

除了投影顯示由夜視導航系統提供的前視紅外線影像外，頭盔顯示器本身也能透過頭盔內含的影像增強管（image intensifier tube, I2T）提供夜視能力，因此在夜間飛行時，可視需要切換使用機頭夜視導航系統的前視紅外線、或頭盔自身的影像增強管來提供夜視影像，構成前視紅外線加上影像增強管的雙重夜視感測器架構，讓兩種夜視裝置彼此互補備援，提高作業彈性。

除了作戰方面的功能外，卡曼契的頭盔顯示器還整合了整合訓練系統（integrated training system, ITS），可利用ITS產生模擬的任務影像，並透過光纖匯流排傳輸到頭盔顯示器上顯示，無須實際啟動機載系統，就能為乘員提供訓練用的模擬影像。

■ 卡曼契的頭盔顯示系統組成。這套系統由Kaiser電子公司提供，採用雙目鏡設計，具備廣角與高解析度顯示能力。

卡曼契的座艙也設置了完整的核生化（NBC）防護系統，座艙本身具備密封與超壓（Overpressure）能力，環控系統（ECS）也結合了HEPA生物過濾器，與變壓吸附式（Pressure Swing Adsorption）的化學再生過濾器（Chemical Regenerative Filter），可過濾進入座艙與機內的空氣，另外機身兩側的航電設備艙也針對核生化防護的需求作了密封處理，並在機體內部設置了備用排氣風扇。整個座艙的設計可允許乘員以MOPP等級IV的核生化防護穿著、加上微氣候（microclimatic）冷卻背心執行作業（註一）。

NBC Protection System

■ 卡曼契的核生化防護系統概要，以密封、超壓的座艙為核心，搭配附有生物／化學過濾器的環控系統組成，座艙可允許乘員穿著MOPP等級IV的防護服與散熱背心值勤。

除了前述為卡曼契乘員服務的核生化防護措施外，為了在核生化作戰環境下便利地勤人員作業，卡曼契的機體設計可允許地勤人員以MOPP等級II或等級IV的防護穿著執行作業，在機身外部也設置了化學偵檢器，可讓地勤人員明瞭機體受汙染情況，另外卡曼契的機體表面設計，也允許使用熱泡沫水噴灑洗消汙染。

註1：MOPP是美軍軍事用語「任務導向防護態勢(Mission Oriented Protective Posture)」的縮寫，指的是因應不同程度的核生化(NBC)威脅，人員所需準備與穿著的防護裝具等級，一共分為六個等級：

MOPP備便(Ready)：攜帶防護面具，並在二小時內備妥一套防護衣、手套與靴子，六小時內備妥第二套。

MOPP等級0：攜帶防護面具，備妥防護衣、手套與靴子。警戒狀態。

MOPP等級I：穿著防護衣、配帶化學戰劑偵測紙，攜帶防護面具、手套與靴子。警戒狀態。

MOPP等級II：穿著防護衣與防護靴、配帶化學戰劑偵測紙，攜帶防護面具與手套。

MOPP等級III：穿著防護衣、防護靴與手套、配帶化學戰劑偵測紙，攜帶防護面具。NBC武器攻擊後的低危險區域。

MOPP等級IV：穿著所有防護裝具。NBC武器攻擊後的高危險區域。

飛行控制系統

先前在LHX計劃競標階段時，波音與塞科斯基在競標提案中，曾提出過以光纖纜線作為飛控信號傳遞介質的光傳飛控系統（Fly-By-Light），不過到了實際開發階段時，考慮到光傳飛控系統的光—電介面與致動器的可靠性尚未達到讓人滿意的程度，因此卡曼契依舊採用了以電纜傳遞飛控信號的線傳飛控系統（Fly-By-Wire）。線傳飛控系統雖然不如光傳飛控般輕巧，但仍比依靠拉桿、鋼纜與曲柄動作的傳統機械飛控系統輕便許多，佔用空間更小、生存性也更高。

卡曼契的飛控系統是以三套飛控電腦為核心的三重冗餘式線傳飛控系統，前、後座的兩名乘員都能單獨地駕駛卡曼契，飛行操縱是在波音航空與電子系統分部提供的飛控電腦中介下進行，與傳統直升機有所不同。

乘員透過一左一右兩支側操縱桿來操縱飛行，右操縱桿是力感應式的三軸飛行操縱桿，大致類似一般直升機的週期變距操縱桿，可進行俯仰、滾轉與偏航三軸操縱，並附帶穩定式的垂直軸配平器；左操縱桿則是電動式總距操縱桿，與一般直升機的總距操縱桿相似。除了兩支側操縱桿外，儀表板左側面板上另設有用於控制發動機輸出功率的油門操縱桿。

週期變距操縱桿
(Cyclic Stick)

總距操縱桿
(Collection Pitch Stick)

卡曼契未設置一般直升機上用於控制偏航方向的腳蹬（透過控制尾旋翼），相關操縱功能被整併到右操縱桿上。另外乘員只要對右操縱桿施加垂直力量，就能使用右操縱桿執行總距桿的功能，如此只需一支右操作桿就能進行飛行操縱，實現單手操縱。

卡曼契的飛控系統提供了三種控制方式：主要飛控系統、自動飛控系統與飛行引導（flight director）。

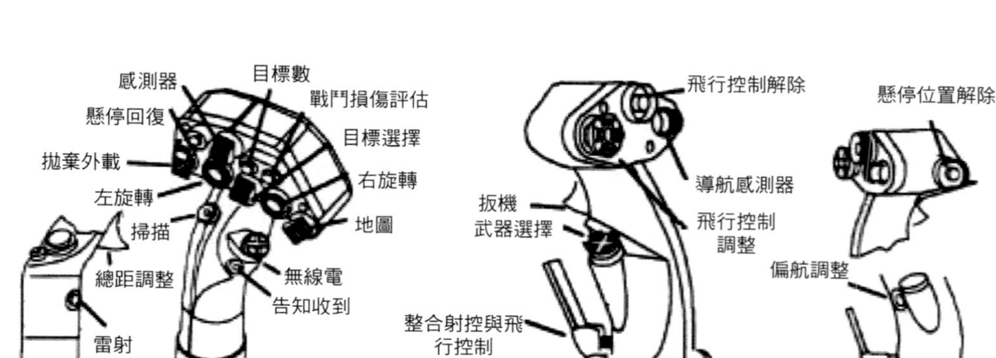

■ 卡曼契的雙側操縱桿圖解。
在線傳飛控系統與飛控電腦的中介下，卡曼契的乘員透過兩根側操縱桿即可完成直升機操縱，右側的週期變距操縱桿為力感應式，主要用於航向、姿態操縱，以及武器發射；左側的總距操縱桿除了調整總距輸出外，也整合了射控感測器的操作。由於偏航航向操縱功能也被整合到右側的週期變距操縱桿上，所以卡曼契取消了一般直升機上用於調整航向的腳蹬。

Comanche Flight Control System (FCS) Schematic

■ 卡曼契的線傳飛控系統架構圖。正駕駛（Pilot）與副駕駛（Co-Pilot）透過側操縱桿輸入的飛行操縱動作，先送進飛控電腦，飛控電腦結合從導航系統獲得的機身姿態資訊，依照飛控軟體設定的操縱律形成控制指令，然後傳遞給驅動主旋翼與機尾導管風扇的伺服致動器，從而操縱卡曼契執行飛行動作。

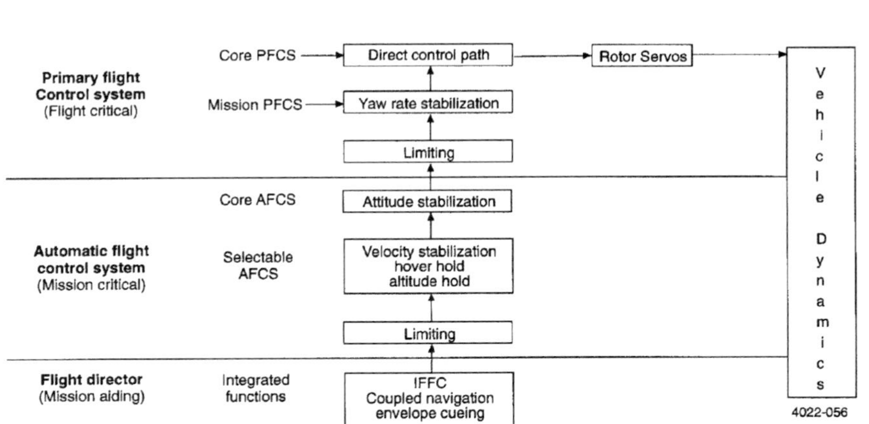

Comanche Flight Control System (FCS) Partitioning

■ 卡曼契飛控系統的控制模式區分。最基礎的是主要飛控系統，然後在其上擁有自動飛控系統與飛行引導兩種增強的模式。

主要飛控系統用於日間目視條件飛行，可提供偏航速率穩定功能，並允許乘員直接控制飛行路徑。

自動飛控系統則在主要飛控系統的基礎上，提供了兩種自動增益穩定飛行模式——姿態穩定模式（Altitude Stabilization）與速度穩定模式（Velocity Stabilization），可用於夜間或惡劣天候下，提供增強的穩定性與貼地飛行時的自動拉起（pop-up）操作。

其中速度穩定模式還提供了姿態保持與懸停保持兩種十分有用的子模式，乘員可透過操縱桿直接控制對地速度與自動保持懸停（hover hold），在速度穩定／懸停模式（Velocity Stabilization/Hover Hold）時，飛控系統能自動將直升機保持在直徑兩公尺的圓內，幫助乘員讓直升機精確地從掩蔽物後方急速躍升、執行目標偵測掃描、然後再下降回掩蔽物後方，期間乘員沒有任何操縱負擔，可集中精力於接戰目標，而讓直升機自動飛行。

飛行引導模式則是卡曼契後續階段發展中增加的功能，提供了與導航系統及射控系統整合的飛行操縱功能，例如自動提示飛行包絡範圍，與導航系統耦合、讓飛控系統依導航系統設定自動飛行，以及整合飛行射控（Integration of Flight and Fire Control, IFFC）功能，透過整合飛行射控模式，乘員可選擇讓飛控系統自動依照射控系統計算結果調整航向與姿態，從而減輕乘員操縱負擔、並改善瞄準精度。

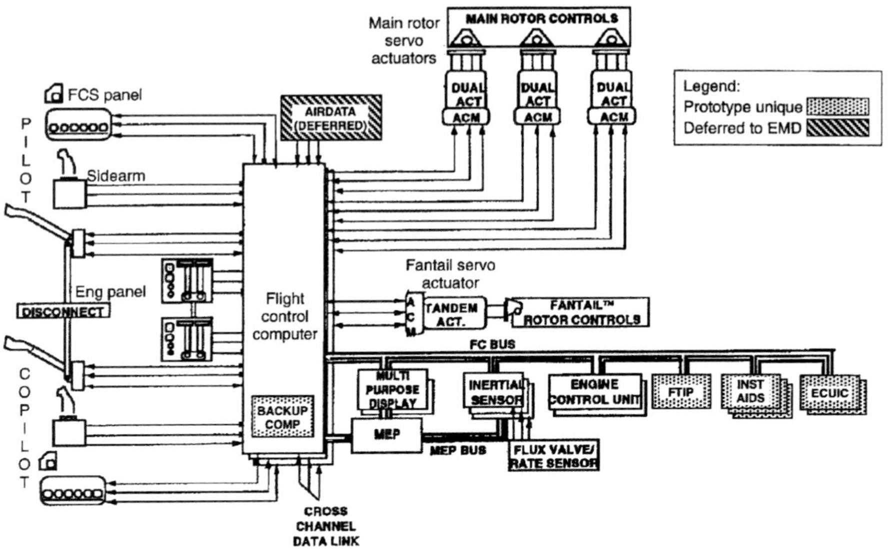

動力系統

如同美國陸軍在LHX計劃時期的設定，卡曼契的動力來源是兩具T800-LHT-801渦輪軸發動機，由艾利森與蓋瑞特合組的輕型直升機渦輪發動機公司（Light Helicopter Turbine Engine Company, LHTEC）研製，附有全權數位發動機控制系統（FADEC），兩具發動機安置在機身肩部，每具的額定輸出功率為1563 shp（1165kW），搭配的扭矩分流式（split torque）傳動系統額定輸出功率為2,198 shp（1,639 kW）。

藉由扭矩分流式概念，大幅減化了卡曼契傳動系統的設計，最終減速級透過四組齒輪嚙合一個環型齒輪，來傳遞旋翼的高扭力，以更簡單的方式，解決了過去直升機必須透過複雜的行星齒輪，才能兼顧的傳遞高扭力、且確保齒輪嚙合不致過度負荷的需求。比起傳統的傳動系統設計，卡曼契的傳動系統減少了百分之五十齒輪數量，軸承數量減少百分之四十，重量也降低了百分之十二。

■ 卡曼契的2具T800發動機埋設於機身肩部，發動機外罩為滑動式，地勤人員可以開啟的武器艙蓋作為平臺，站在武器艙蓋上維護發動機。

■ 卡曼契的扭矩分流式（split torque）主齒輪箱設計，透過四組齒輪嚙合中間的環型齒輪，來向主旋翼驅動高扭力。

扭矩分流式主齒輪箱還帶來額外的效益，由於最終一級的環型齒輪中間軸是垂直的，轉速也適合用於驅動液壓泵和發電機，於是卡曼契便就近在主齒輪箱上安裝這些附件，利用這根中間軸直接驅動這些設備，省略了額外設置減速器的需求，而且液壓泵和發電機的位置也十分方便維護。

除了兩具T800發動機外，卡曼契還安裝了一具威廉斯國際公司（Williams International）的WTS124二級動力單元（Secondary Power Unit, SPU），用於提供啟動主發動機的輔助動力來，並在飛行中提供環境控制系統所需的引氣，並負責驅動一組發電機與一套液壓泵。

設於機腹的內載油箱容量為一千一百四十二公升（三百零一・六美製加侖），有需要時可透過外部掛架攜帶兩具一千七百公升容量（四百五十加侖）的外載副油箱，使得總燃料攜載量達到四千五百四十八公升（一千兩百零一・六加侖）。波音與塞科斯基還曾發展了一種安裝在卡曼契兩側武器艙內的輔助油箱，每具的容量為四百二十四公升（一百一十二加侖）。

卡曼契的燃油系統具備抗墜毀能力，並擁有惰性氣體產生系統，可防止直升機墜毀後燃油起火。

電氣與液壓系統

卡曼契採用270VDC的直流電氣系統，包括三部30kW主發電機，其中兩部發電機由T800發動機經由主齒輪箱驅動，另一部則由SPU驅動。另外還有兩部由液壓系統驅動的液壓永磁發電機（Hydraulic Permanent Magnet Generators, HPMG），負責向飛控電腦供電。

卡曼契擁有三套獨立的3000 psi液壓系統，其中兩套用於飛行控制，負責驅動飛控系統的液壓致動機構，以及驅動為飛控電腦供電的液壓永磁發電機。第三套液壓系統則作為備份，同時還負責驅動一系列通用功能，例如起落架和武器艙門的收放，也用於地面試車。

三套液壓系統所使用的液壓泵中，有兩組液壓泵是由主齒輪箱驅動，另一組液壓泵則由SPU驅動。SPU另外還附有了一組液壓增壓器（hydraulic intensifier），用來提供緊急放下起落架所需的5000 psi液壓。

卡曼契的動力來源—T800渦輪軸發動機

T800渦輪軸發動機的發展始自一九八三年，由艾利森與蓋瑞特兩家公司聯合研製，發動機核心段設計源自蓋瑞特的F109渦輪扇發動機，動力渦輪與附件則源自艾利森在美國陸軍先進技術展示發動機（Advanced Technology Demonstrator Engine, ATDE）發展的技術。

艾利森與蓋瑞特在一九八四年以五十比五十的比例合資成立輕型直升機渦輪發動機公司（Light Helicopter Turbine Engine Company, LHTEC），參與美國陸軍針對LHX計劃的T800發動機競標，並在一九八八年十月勝出，被選為日後RAH-66卡曼契直升機的動力來源。

T800的設計需求是空前的可靠性、維護性、支援性與低燃油消耗率，且能相容於直升機與傾旋翼機兩類機型的需求。為了滿足這樣的目標，T800採用了模組化與線上可更換單元（LRU）概念，只需使用六種基本扳手工具，便能在十五分鐘內卸除與更換。

T800系列的第一個款式T800-LHT-800在一九九三年時同時通過美國陸軍與聯邦航空總署（FAA）的認證，是第一個同時獲得軍、民兩用認證的渦輪軸發動機，民用版本的編號是CTS800-0。與此同時，LHTEC公司也在一九九三年以一架UH-1H改裝的T800發動機展示機，締造了十三小時六分鐘飛行一千七百一十四浬（三千一百七十四公里）的直升機點對點飛行世界紀錄，充分展現了T800發動機的可靠性。

以T800-LHT-800為基礎，美國陸軍在一九九三年一月與LHTEC簽訂發展預定用於卡曼契量產型、功率提升百分之十七的T800發動機功率升級版合約，也就是後來的T800-LHT-801，額定功率從1344 shp提升到1563 shp，在一九九九年中通過美國陸軍認證。卡曼契原型機初期試飛仍是搭載T800-LHT-800發動機，二〇〇二年後才換裝T800-LHT-801進行試飛。

T800屬於自由渦輪型式的渦輪軸發動機，技術上最大特點，是採用了當時渦輪軸發動機僅見的兩級離心式壓縮機設計，具備高穩定性、便於維護的優勢。環形進氣口整合了微粒分離器（Integral Particle Separator）與排出導管，可以過濾百分之九十七的進氣微粒。兩級離心式壓縮機都是單片式的鈦合金葉輪片構成，只使用兩級便可達到十五・五的壓縮比。壓縮機後方分別是兩級壓縮機渦輪，與兩級動力渦輪。燃燒室為逆流式（reverse-flow），在燃燒室後環設有十二個燃油噴口。

另外一提的是，T800的兩家研發廠商目前都已遭其他廠商併購，艾利森被併入勞斯萊斯（Rolls Royce）旗下，蓋瑞特則先併入聯合信號公司（AlliedSignal），後又與漢寧威（Honeywell）合併，所以T800與CTS800發動機目前便屬於勞斯萊斯與漢寧威的產品。

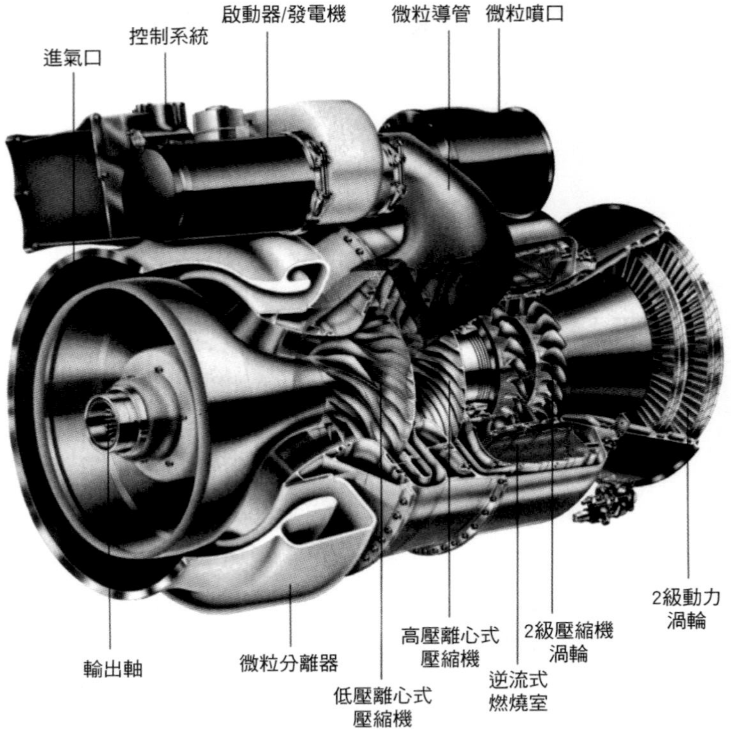

■ T800渦輪軸發動機解剖圖，可見到採用了少見的兩級離心式壓縮機設計。

表三 T800-LHT-801發動機諸元

長度	856 mm
寬度	550 mm
高度	662 mm
乾重量	149.7 kg
輸出功率	1,638 shp(緊急) 1,563 shp(標準最大) 1,460 shp(中間，30分鐘) 1,231 shp(連續)
燃油消耗率	77.54 μg/j

航電系統

在美國國會要求下，美國陸軍的卡曼契計劃，是各軍種聯合的聯合整合航電工作小組（JIAWG）一個成員，與同屬JIAWG計劃的美國空軍F-22戰鬥機，共用了相同的航電系統基礎架構與元件，卡曼契的通信與導航系統中，有百分之七十的元件可與F-22戰鬥機共通。

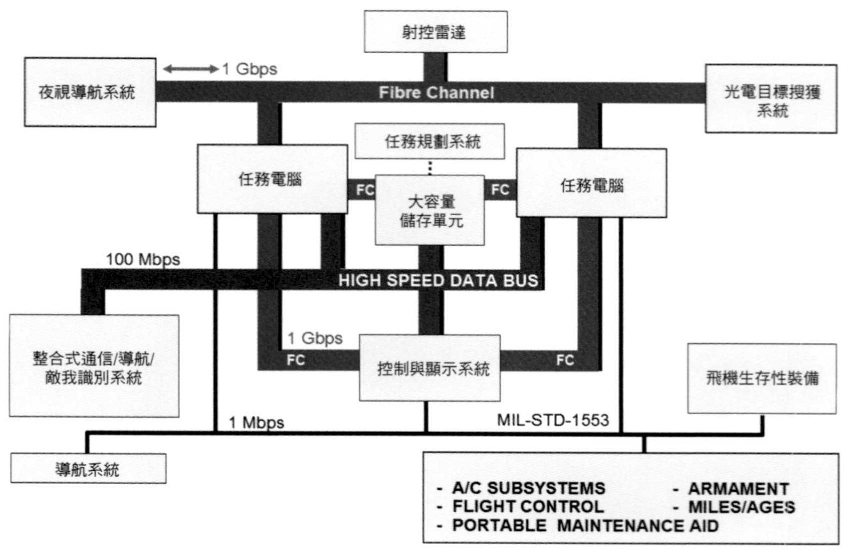

■ 卡曼契的航電系統架構。由兩套任務電腦與三種匯流排構成核心。

卡曼契的航電系統核心是兩部採用JIAWG概念設計的任務電腦，兩部任務電腦構成互為備援的架構，並透過三套匯流排與其他航電設備連接：

(1)低速的1553B匯流排（速率1M bps），用於連接導航系統、自衛電戰系統與外接介面。

(2)SAE高速資料匯流排（速率100M bps），用於連接儲存單元、控制與顯示單元，以及整合式通信／導航／敵我識別系統。

(3)高速光纖通道（Fibre Channel, FC）匯流排（速率1G bps），用於連接涉及大量信號資料傳輸的射控雷達、光電目標搜獲系統（TAS）、夜視導航系統與控制顯示單元。

所有匯流排都是多重冗餘架構，可避免單點故障。而任務電腦則是由諾斯洛普・格魯曼電子系統公司（Northrop Grumman Electronic Systems）負責開發（先前的西屋電子系統公司〔Westinghouse Electronic Systems Group〕，一九九六年併入諾斯洛普・格魯曼），透過在機箱中安裝各式各樣採用標準電子模組—E格式（Standard Electronic Modules-E, SEM-E）的「功能模組卡」，來獲得需要的信號處理、資料處理與圖形處理功能，任務電腦的核心採用三十二位元處理器，預留了百分之三十的處理器運算能力與百分之五十的傳輸頻寬餘裕，機箱還有十四個空插槽可用於擴充新功能與新模組，例如長弓雷達的相關模組。

■ 卡曼契的航電系統採用了JIAWG提出的「通用模組卡」航電基礎架構概念，通用模組是一種標準規格的板卡，利用一系列分別用於提供數位資料處理、向量處理、匯流排控制、總體記憶體、數位／類比轉換等功能的機板模組，就能滿足執行所有一般功能的需要，特殊功能則透過對可程式化硬體設計對應的軟體來執行。這些模組板卡再透過1760軍規匯流排安插到液冷式機箱背板的插槽上，如照片中即為卡曼契任務電腦的空機箱，可見到內含了許多插槽。

除了任務電腦之外，卡曼契的其他任務設備套件，如感測器等，也都是依循JIAWG架構，以SEM-E模組卡的形式來部署處理與控制單元。

透過標準化的SEM-E功能模組卡架構，不僅簡化了系統部署與升級作業，也大幅簡化了維修作業，外場維護時，只需透過內建診斷系統確認故障元件所在，然後從任務設備套件航電艙的機箱中，抽換相對應的SEM-E功能模組卡即可。

在支援基本飛行與任務服務的通信／導航／識別系統方面，卡曼契是以一套整合式通信導航識別航電系統（Integrated Communications Navigation Identification Avionics, ICNIA）為核心，將所有機載通信、導航與敵我識別系統都整合在一起，是第一種採用這種整合架構的直升機。

Processor Rack

■ 卡曼契透過一套整合式通信導航識別航電系統（ICNIA），來提供所有通信、導航與敵我識別功能，相關元件都以模組卡的形式整合在共用的機箱中，而不是像傳統般透過各自系統的黑盒子來安裝。

在導航系統部份，ICNIA含有Litton公司的PAGAN抗干擾四頻道GPS接收機與無線電高度計，以及Litton公司提供、由LN-210C光纖陀螺儀與LN-100C陀螺儀平臺組成的姿態航向參考系統（AHRS）；在通信部份，ICNIA結合了兩套SINCGARS VHF-FM抗干擾無線電、一套UHF-AM Have Quick抗干擾無線電、一套VHF-AM無線電、一套抗干擾HF單邊帶（SSB）無線電與敵我識別系統，還有搭配VHF/UHF無線電用於資料交換的改良型資料數據機（Improved Data Modem, IDM）；在敵我識別部份，則含有一套Mk XII敵我識別答詢器。

整合式通信導航識別航電系統也採用了模組卡的架構，例如各式通信設備都以模組卡的形式，整合安插在一個機箱中，而不是像過去般透過個別設備各自的黑盒子來安裝，透過模組卡的更替，無論日後的擴充、升級功能，或是平日的外場維護都很方便。整合式通信導航識別航電系統的通信單元搭配多頻道的發射／接收模組，可同時以三個UHF/VHF頻道發送訊息（兩個語音頻道與一個資料頻道），並同時接收七個頻道的訊息。日後升級中還預定引進衛星通信系統與Link 16資料鏈。

除了GPS與慣性導航系統外，卡曼契還導入了一套由Harris公司開發的3D數位移動地圖系統，可結合GPS與導航系統獲得的定位資訊，在彩色顯示器上顯示直升機周遭的3D地形地貌圖像，並在3D地圖上疊加人造障礙、敵方威脅與自身航線等資料，便於乘員掌握周遭態勢。

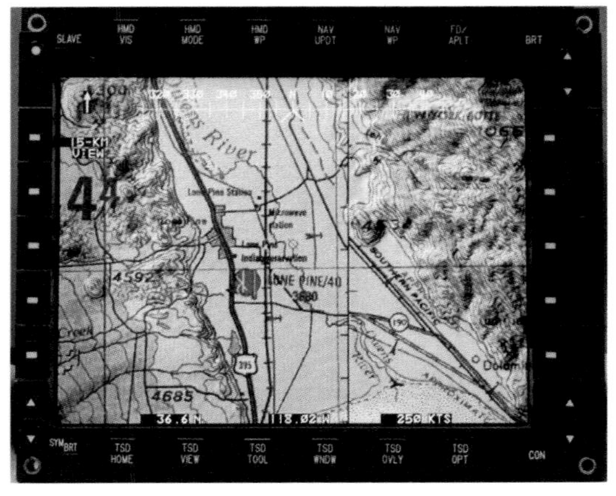

■ 卡曼契引進了一套Harris公司開發的3D數位移動地圖系統，可結合GPS與導航系統獲得的定位資訊，在彩色顯示器上顯示直升機周遭的3D地形地貌圖像，可以在直升機以兩百節對地速度飛行與每秒一百八十度旋轉下，仍保持定位的精確度，並提供通視性（Intervisibility）、太陽遮蔽角度、地形等高線、地形高度、地形斜面遮蔽等資訊，還可視需要在地圖上疊加顯示人造障礙、敵方威脅與自身航線等資料，或是從地圖上去除指定的疊加資料、簡化顯示資訊等。這樣的3D移動地圖系統對今日來說已十分普遍，但是在卡曼契計劃執行當時可說是開風氣之先。

感測器系統

卡曼契的任務感測器系統包括射控雷達與光電感測器兩大部份。

其中預定配備在後期批次卡曼契上的射控雷達，是應用在AH-64D上的長弓射控雷達衍生版，比起AH-64D的長弓雷達，卡曼契用的長弓雷達縮減了天線尺寸與重量，並引進了縮小尺寸的先進發射／接收機，設於主旋翼軸頂端、用於容納天線與發射／接收機的桅頂套件（Mast Mounted Assembly, MMA），也採用了可減小雷達截面積的低可觀測性外罩，整體重量從AH-64D版MMA的兩百五十七磅降為兩百三十二磅。雖然重量減輕、尺寸縮小，但卡曼契版的長弓雷達仍保有與AH-64D長弓雷達同級的性能，擁有三百六十度全周掃描能力、八公里等級的偵測距離，以及為長弓地獄火飛彈標定目標的能力。

至於光電感測器則是安裝在機頭轉塔中，分為上轉塔中的夜視導航系統（NVPS），與下轉塔的光電目標搜獲標定系統（Electro-Optical Target Acquisition Designation System, EOTADS）。

夜視導航系統負責提供夜間與惡劣天候下飛行所需的外部環境影像，內含一套第二代前視紅外線感測器與影像增強電視（image intensifier TV, I2TV），前視紅外線供夜間使用，影像增強電視則為日間使用；

■ 卡曼契預定配備的長弓雷達（左），是AH-64D使用的長弓雷達（右）衍生版，縮減了天線尺寸並改用輕型的發射／接收機，並改用具備低雷達截面積特性的新桅頂套件外罩。

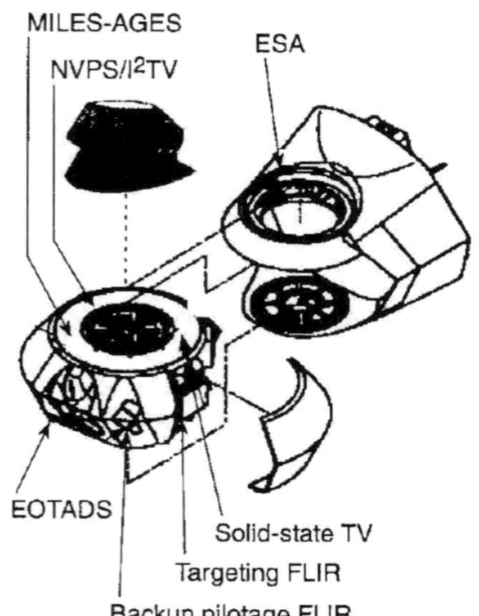

■ 卡曼契的光電感測系統圖解。由上轉塔的夜視導航系統與下轉塔的光電目標搜獲標定系統組成。

光電目標搜獲標定系統則提供目標搜索、目標標定與武器導引等功能，含有一套標定用的第二代前視紅外線感測器、一套導航備用的第二代前視紅外線感測器、一套固態電視，以及一套雷射測距／標定儀。

夜視導航系統提供固定的廣角視角，光電目標搜獲標定系統則有三種視角可選，其中兩種是目標標定使用，另一種廣角視角則是作為替代夜視導航系統的備用導航視角。

夜視導航系統與光電目標搜獲標定系統都由洛克希德．馬丁電子與飛彈分部（Lockheed Martin Electronics & Missile）研製，主要特點是採用了第二代前視紅外線感測器結合電子影像處理技術，偵測距離比AH-64使用的第一代前視紅外線感測器提高了百分之四十，影像品質提高兩倍，可在更遠的距離外辨識更小的目標。

光電目標搜獲標定系統還結合了諾斯

洛普・格魯曼公司（Northrop Grumman）開發的輔助目標偵測／自動分類軟體（Aided Target Detection/Classification, ATD/C），可從光電目標搜獲標定系統獲得的目標影像中，幫助識別與分類目標，例如區分目標是輪型車輛、履帶車輛還是機動防空系統。卡曼契的乘員可利用ATD/C的輔助，快速地對戰場進行掃描、對目標分類，並標出優先攻擊目標。在ATD/C的輔助下，卡曼契發現與識別威脅目標的時間比現役直升機減少百分之九十，讓卡曼契具備最先發現／最先命中的能力。

自衛電戰系統

美國陸軍為卡曼契選定的自衛電戰系統，是以ITT公司的ALQ-211(V)3整合射頻反制套件為核心，可提供雷達預警偵測功能，並搭配Goodrich公司的AVR-2A(V)雷射警告接收機。不過基於維持匿蹤性的考量，卡曼契並不會配備主動式的紅外線或雷達干擾機。

1st-Gen PNVS

2nd-Gen w/SADA I NVPS

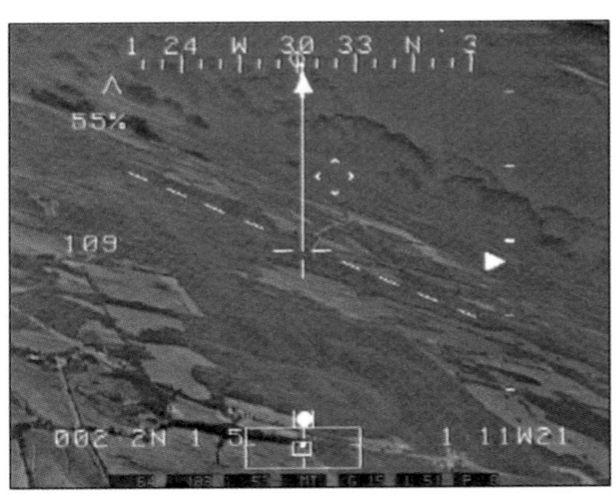

■ 卡曼契的光電感測系統引進了第二代前視紅外線感測器，偵測距離比第一代感測器更遠，影像解析度與品質也更高。上圖為採用第一代前視紅外線感測器的駕駛員夜視系統（PNVS,用於AH-64），與採用第二代前視紅外線感測器的卡曼契夜視導航系統的影像效果對比，可看出第二代前視紅外線感測器影像品質明顯高出許多。

GEN II FLIR With No Processing

GEN II FLIR With Electronic Processing

■ 除了引進第二代前視紅外線感測器外，卡曼契採用了電子影像處理技術來增強前視紅外線的影像品質，左為未處理的前視紅外線的影像，右為經處理後的影像，明顯更清晰，細節更豐富。

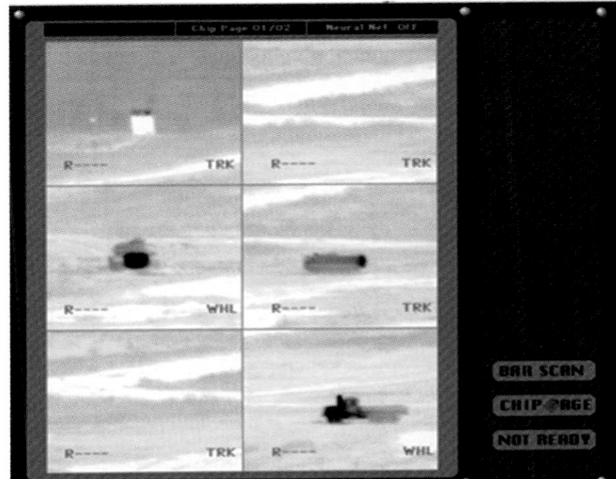

■ 卡曼契的光電目標搜獲標定系統還結合了諾斯洛普．格魯曼發展的輔助目標偵測／自動分類軟體（ATD/C），可從光電目標搜獲標定系統獲得的目標影像中，幫助識別與分類目標，例如區分目標是輪型車輛、履帶車輛。

卡曼契的武器配備

卡曼契的武器系統包括固定武器與外載武器兩部份，固定武器是一門20mm機砲塔系統（Turreted Gun System, TGS），外載武器則是透過內置式武器艙與外部短翼攜帶的各式飛彈與火箭。

20mm機砲

最初在上世紀八十年代的早期規劃階段，卡曼契原本設定的機砲配備，是通用動力公司(General Dynamics) M61火神砲(Vulcan)的雙管輕量衍生版本，稱為火神II(Vulcan II)，與M61採用同樣的20mm口徑與M50系列彈藥，但砲管從六管簡化為二管，安裝在GIAT公司設計的機顎旋轉砲塔中。後來當通用動力於二〇〇一年正式開始發展工作時，將其升級為一門三管式砲管的版本，稱為XM301輕型機砲。

XM301可視為通用動力另一款三管蓋特林（Gatling）機砲M197的改良版，同樣都屬於M61火神砲的衍生發展型，都是由外部動力驅動的蓋特林機砲，但重量從M197的一百三十二磅（六十公斤）減輕到八十・五磅（三十六・五公斤），是重量最輕的20mm蓋特林機砲。

XM301的基本概念，是在與一般單管

■ 卡曼契以一門通用動力的XM301三管20mm機砲作為基本武裝，這是重量最輕的20mm蓋特林機砲，在與單管機砲相當的尺寸重量下，提供高出兩倍的射速。比起通用動力另一款三管20mm機砲，XM301的重量減輕了將近百分之四十，但保有同等的每分鐘一千五百發最高射速，而且射擊散佈更小，平均後坐力也減低了將近百分之四十。

■ 含砲塔在內的整套XM301機砲砲塔系統圖解。

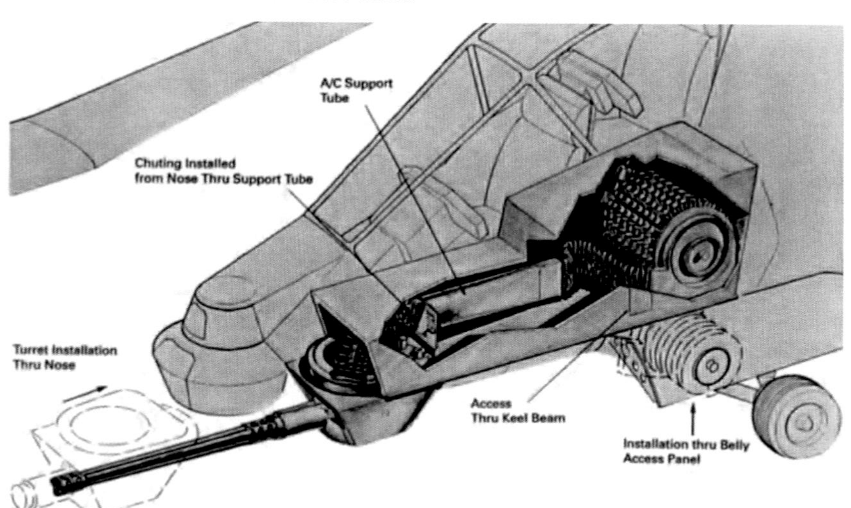

■ 卡曼契的機砲系統配置圖解。XM-301三管20mm機砲安裝於機頭下顎處的旋轉砲塔，機砲彈藥艙則設置在駕駛艙後座下方機身內，攜彈量為五百發。

20mm機砲相當的尺寸、重量下，提供高出兩倍的射速，可以使用美軍20mm機砲標準的M50系列與PGU系列彈藥，也能使用新的XM1031/1032超輕型鋁殼彈藥。卡曼契將XM301的五百發容量機砲彈艙，安置在駕駛艙後座下方的機身空間內，不過標準任務攜帶量為三百二十發。機砲有每分鐘七百五十發與一千五百發兩種射速可供選擇，通常前者用於對付地面目標，後者用於對付空中目標。

由GIAT設計的旋轉機砲砲塔可提供俯仰角正十五度到負四十五度、方位角正負一百二十度的旋轉覆蓋，特別的是這組機砲砲塔還提供了將機砲水平旋轉一百八十度，以朝上正二度的姿態收納進砲塔後方整流罩內的功能，藉此可縮減機身整體的RCS。卡曼契平時可將機砲收納於整流罩內，維持機體的低RCS特性，要接戰目標時再將機砲伸出整流罩。

波音與塞科斯基設計團隊曾研究過卡曼契的兩種機砲設置位置：靠機頭的下顎處，或是座艙下方的機腹處，兩種設計只在砲塔位置與饋長度有所差異，饋彈機構與越過機頭的視角均相同，最後選擇的是靠機頭下顎處的佈置，可擁有更大的仰角射界，對空對空目標的射擊來說更為有利。

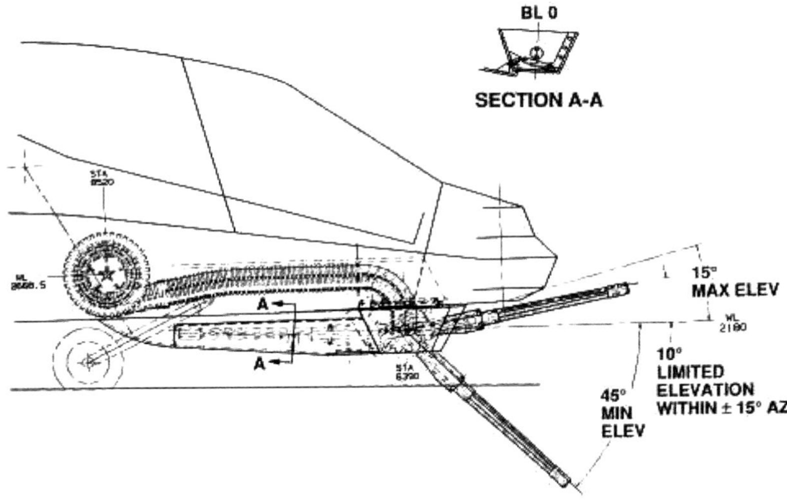

■ GIAT設計的旋轉機砲砲塔，可為XM301機砲提供俯仰角+15度到－45度、方位角±120度的旋轉覆蓋。

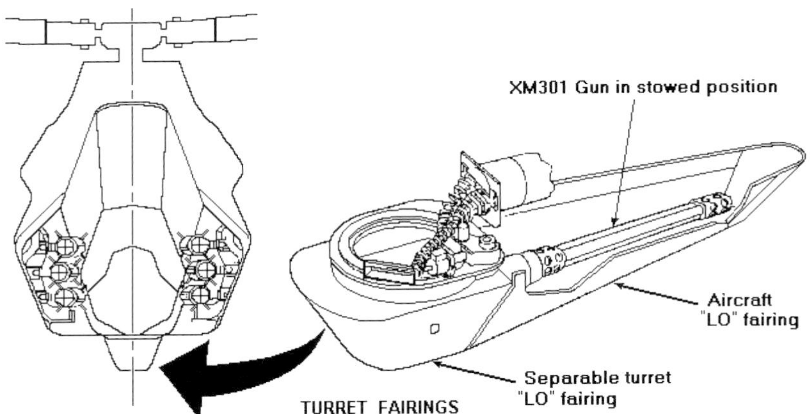

■ 卡曼契的XM301機砲砲塔提供了一個特別的收納模式，可將機砲水平旋轉一百八十度，收納進砲塔後方的低RCS整流罩內，藉此可維持卡曼契機體整體的低RCS特性。

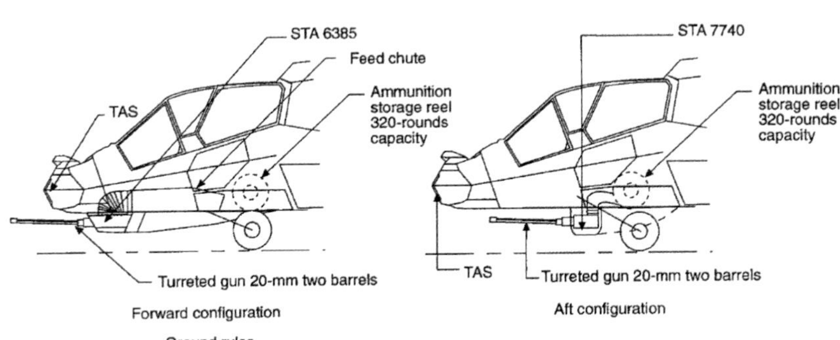

■ 卡曼契曾研擬過2種機砲安裝位置，左為機頭下顎前向佈置方式，右為靠機腹的後方佈置方式，最後選擇的是機頭下顎佈置。

卡曼契的內置與外掛武器

為了保持外型的匿蹤特性，內藏於機身的內置式武器艙，是匿蹤飛機的必備要求，卡曼契也不例外，以便在不破壞匿蹤外型的情況下攜帶飛彈等各式武器，還能減少飛行阻力。

卡曼契在主起落架後方的機身兩側各設有一個內置式武器艙，稱作「整合式可收放飛機軍械系統」（Integrated Retractable Aircraft Munitions System, IRAMS），採用側開式設計，飛彈掛載於IRAMS艙門內側的多功能通用發射軌（Multifunction Universal Rail Launcher, MURL）上。平時艙門關閉與機身表面融合，接戰目標時再開啟IRAMS艙門。在平日的維修作業中，還可開啟IRAMS艙門充當維修工作平臺。

考慮到掛載於IRAMS艙門上的飛彈，將隨著艙門的開閉而變化位置，所以IRAMS設有一組慣性測量單元用於校正飛彈發射軌，確保武器發射的精確度。

每側的IRAMS武器艙各可容納三枚長度一百八十三公分以內的飛彈，以彈艙容積來看，理論上可以將允許容納的飛彈長度提高到兩百公分。IRAMS艙門可由乘員直接下令開啟，或是作為飛彈發射預備程序的一部份，由射控系統自動開啟，從下達開啟指令到艙門開啟需要三秒時間，而且左右艙預設為同步開啟，以維持氣動力平衡。

MURL
掛架
整合武器介面單元
(I-AIU)

整合式可收放飛機軍械系統
(IRAMS)

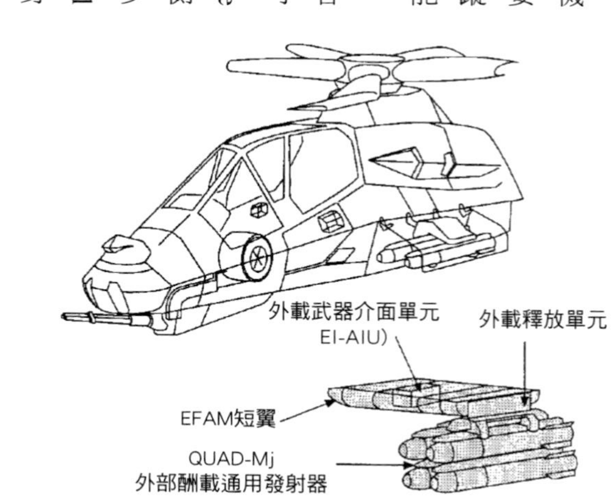

增強燃油/武器管理系統
(EFAMS)

■ 卡曼契可透過稱作「整合式可收放飛機軍械系統（IRAMS）」的內置式武器艙，或是稱作「增強燃油／武器管理系統（EFAMS）」的外部短翼，來攜帶各式飛彈或火箭莢艙。

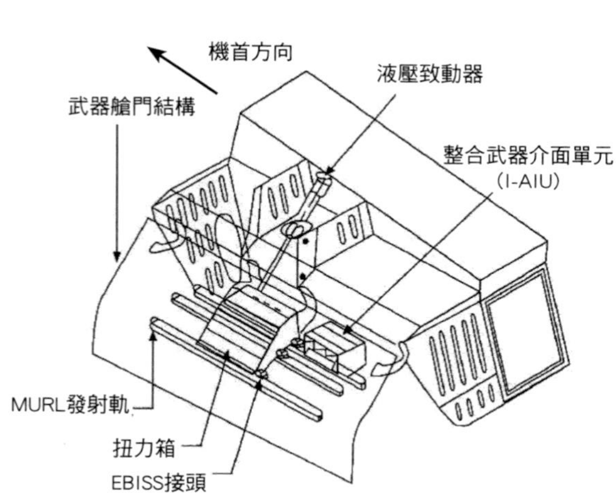

■ 卡曼契「整合式可收放飛機軍械系統（IRAMS）」內置式武器艙圖解。這是機身左側武器艙的圖解，飛彈是掛載於連接在艙門的多功能通用發射軌上。

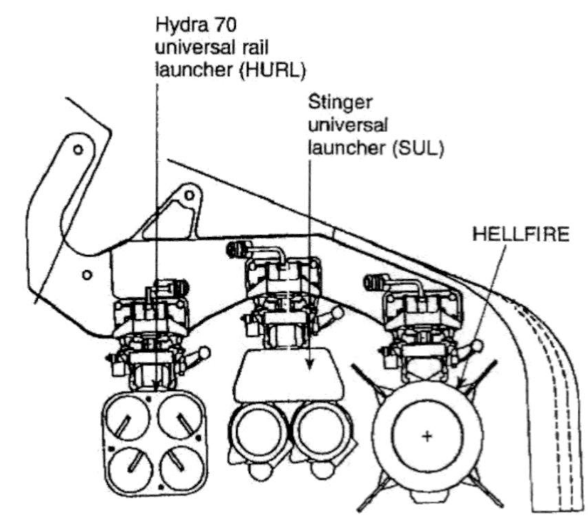

■ 卡曼契每個內置武器艙含有三組多功能通用發射軌，每組發射軌可攜帶一枚地獄火飛彈（HELLFIRE）、一具通用發射器型的雙聯裝刺針飛彈發射器（SUL），或是一具通用飛彈發射器型（HURL）的四聯裝Hydra 70火箭莢艙。

在卡曼契的整個飛行包絡範圍內，都允許開啟IRAMS艙門，包括以四十五節速度側飛時亦可，無論在哪種飛行狀態下，IRAMS艙門的開閉都不會對攜載的武器造成負面影響。雖然IRAMS艙門在任何條件下均可開啟，不過為了確保安全，卡曼契對於IRAMS攜帶的武器發射條件作了限制，只允許在零G以上條件發射IRAMS內的飛彈，如果是在負G或地面上時，便會鎖住IRAMS的發射功能。

除了IRAMS內置式武器艙外，卡曼契還可視任務需求選裝一對稱作「增強燃油／武裝管理系統」（Enhanced Fuel/Armament Management System, EFAMS）的外部短翼。每側短翼可提供一個武器掛載點，可用於攜帶副油箱或額外的飛彈、火箭等武裝，藉此提供自力飛送部署所需的長航程，或是倍增武器攜載量，代價則是會增加雷達截面積與飛行阻力。

■ 在整個卡曼契的作戰飛行包絡範圍內，都允許開啟內置武器艙的艙門，從下達指令到艙門開啟定位只需三秒時間。

External stores
Quad-missile launcher
HELLFIRE missiles
Stinger missiles
Hydra-70 rockets
470-gallon extended range fuel tank
230-gallon fuel tank
Multifunction launchers can be installed and loaded in 20 minutes
No peculiar ground support
Minimal hand tools
No special tools

■ 每側的增強燃油／武器管理系統（EFAMS）外部短翼，各可提供一個外載點，可透過Quad-M 4聯裝飛彈發射器攜帶四枚地獄火或刺針飛彈，或是四聯裝的Hydra 70火箭莢艙，也能攜帶外載副油箱。

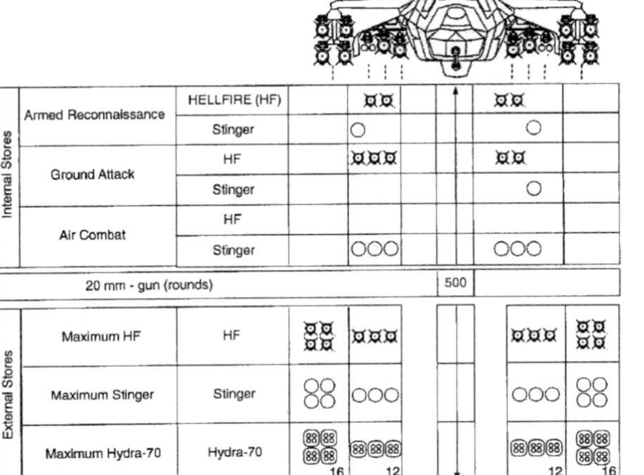

Internal Stores	Armed Reconnaissance	HELLFIRE (HF)					
		Stinger					
	Ground Attack	HF					
		Stinger					
	Air Combat	HF					
		Stinger					
20 mm - gun (rounds)					500		
External Stores	Maximum HF	HF					
	Maximum Stinger	Stinger					
	Maximum Hydra-70	Hydra-70	16	12		12	16

■ 卡曼契的武裝攜帶組態，內置武器艙最大容量是六枚飛彈，外部掛架可提供額外兩個掛載點與八枚飛彈的攜載量。

卡曼契的後勤維護能力

在LHX與後來的LH計劃中，美國陸軍希望解決隨著直升機日漸精密複雜，操作維護成本不斷升高，但出勤率卻隨之降低的問題，因此將支援性（supportability）與可維護性（maintainability）列為LHX/LH計劃的重點需求。

針對美國陸軍定出的支援性與可維護性需求，波音與塞科斯基研發團隊將可維護性列為設計優先目標，為了改善可維護性，寧可在其他方面造成負面影響，例如導致重量增加。不過隨著技術的進步，也讓設計團隊得以採取更簡便的做法，來達到提高可維護性的目標。

美國陸軍將卡曼契的維護性指標，設定為比當時現役OH-58、AH-1與AH-64等直升機減少百分之四十至百分之七十維修人力—時間需求，為了實現這個目標，卡曼契引進了自動故障偵測、簡易工具套件、高度模組化機身結構等措施，來提高維修便利性。

卡曼契機身採用特殊的盒型樑結構，改變了過去直升機蒙皮必須承受部份應力的做法，盒型樑結構負集中乘載應力，藉此可在機身表面設置更多開口與艙門，卡曼契機身表面多達百分之五十面積都是由艙門或檢修口蓋構成，便於地勤人員從這些口蓋接近機體內部，不僅提高了檢修作業的便利性，也降低了戰鬥整備所需時間。

卡曼契各部設計也都依循提高地勤維修便利性的需求出發。舉例來說，機首的20mm XM301機砲採用頂部供彈的方式，彈藥艙設置在機身內部較高的位置，因此安裝拆卸機砲時無需連帶拆卸彈藥艙等其他設備，反之為彈藥艙裝填彈藥時也不會影響到機砲砲塔。任務航電系統分散安裝在機頭與後機身尾衍兩側的航電艙內，不僅可提高生存性，而且航電艙的高度設計為齊腰高度，便於人員檢測維護，航電艙還擁有密封增壓設計，並以過濾空氣進行冷卻，具備防潮、防核生化能力。卡曼契的機頭整流罩採用鉸接式構造，可向左開啟，以便維護機頭內裝設的感測器。

■ 卡曼契各部位的高度設計都考慮了地勤作業的便利性，機身內部的20mm機砲彈藥艙，與兩側內置式武器艙開啟艙門後的飛彈發射軌位置，都是齊平地勤人員的腰部高度。武器艙開啟後的艙門，還可兼作維護平臺，地勤人員可站在這個平臺上方便檢修位於機身肩部的發動機。

在戰場整備性方面，藉由單點壓力式（或重力）加油口、20mm機砲彈藥彈鏈電動裝彈、以及武器艙位於人員腰部高度的飛彈發射軌等設計，當卡曼契在戰場前沿前進直升機加油點（Forward Aircraft Refueling Point, FARP）進行重新加油與裝彈時，由三名穿著極地防寒服或生化防護服地勤人員組成的支援小組，能夠在十二．五分鐘內，為一架卡曼契重新裝上四枚地獄火飛彈、兩枚刺針飛彈、五百發20mm砲彈，並加滿一千兩百二十三公升燃油。

在平日維護作業方面，卡曼契的設計中整合了數位診斷功能，地勤人員透過筆記型電腦與PCMCIA卡，便能連接與讀取記錄卡曼契內建檢測系統的資訊，透過內建故障檢測功能，預計能自動檢測百分之九十五的故障，並把百

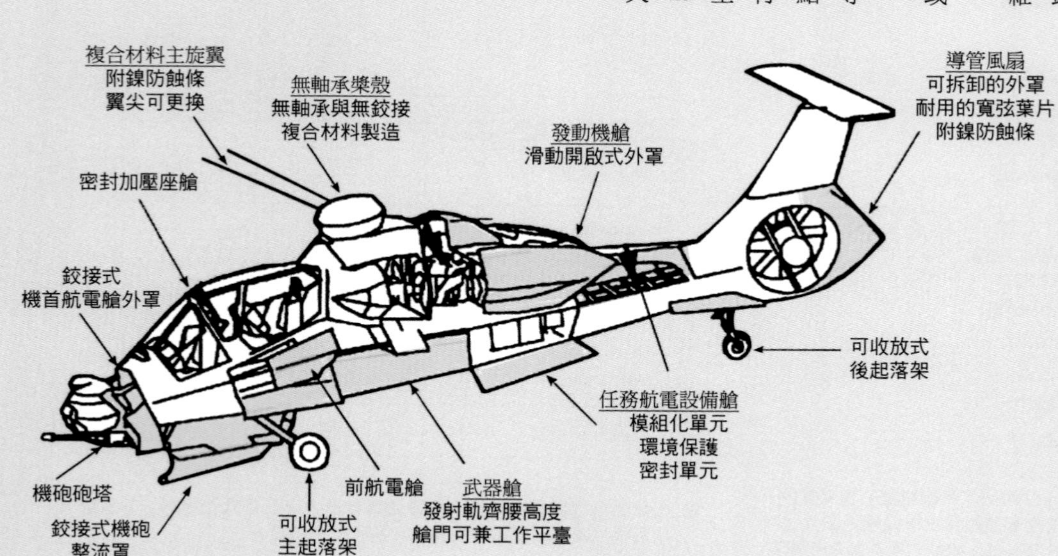

■ 卡曼契的維護性特性。藉由特殊的中央盒形樑結構設計，卡曼契將百分之五十機身表面都開設為可開啟的維修口蓋或艙門，大幅提高了維修作業便利性。

分之九十的故障自動隔離到線上可更換單元（LRU），只需更換LRU模組就能排除故障、修復系統。機砲校準作業是自動化的。各級電子設備（感測器、匯流排、處理器、模組和顯示器）也都是多重冗餘配置，可避免單點故障造成整個系統停擺。維護作業只需要使用十二件特別設計的工具，加上既有標準工具即可。另外卡曼契的機身和旋翼，都使用具備彈道損傷容限能力的複合材料製造，也可簡化前線戰鬥損傷的搶修工作，並能使用冷固化黏合劑來修復複合材料。

藉由這些設計，美國陸軍將卡曼契的維護作業從過去直升機的三級維護體系簡化為兩級，維護人員的技能水準（軍事專業等級）也降到四，相較下，負責AH-64阿帕契維護的維護人員技能水準則必須達到十五。

卡曼契的設計同樣也簡化了空運整備作業，僅須拆解主旋翼、摺疊尾翼組，便能直接使用C-5與C-17運輸機空運，甚至是塞進貨艙空間更小的C-130運輸機。一架C-5運輸機最多可運載八架卡曼契，C-17則能運載四架，C-130亦能運輸一架經過部份拆解的卡曼契。

執行C-130運輸機的運輸作業時，一個八人作業小組也能在二十分鐘內將一架卡曼契拆解並裝進C-130運輸機中，卸貨後則能在二十二分鐘內重新完成機身與主旋翼的組裝，將卡曼契交付給部隊。換成C-5或C-17運輸機，相關整備作業的耗時還更短，讓八架卡曼契卸下C-5恢復飛行只需七十五分鐘，讓四架卡曼契卸下C-17恢復飛行更只需三十五分鐘。

為了便利卡曼契的空運部署，波音與塞科斯基還設計了專用的空運整備運輸箱，用於攜帶旋翼架、牽引桿、千斤頂、轉向輪與液壓車，再加上十二件基本工具。

與現役直升機相比，空運一個編制十八架的阿帕契攻擊直升機營，需要耗用九架C-5或十四架C-17運輸機，空運一個編制二十四架的OH-58奇歐瓦偵查營則需六架C-5或九架C-17，而運輸一個十八架編制的卡曼契偵查攻擊營則只需五架C-5或九架C-17。

■ 卡曼契的任務航電系統分散安裝在三個地方：機頭與後機身尾衍兩側的航電艙內，藉此可提高生存性。照片中為設於尾衍兩側的航電艙，可注意到航電艙高度齊平人員腰部，便於人員檢測維護，這個航電艙還擁有密封增壓設計，並以過濾空氣進行冷卻，具備防潮、防核生化能力。

Tool Kit Comparison

Comanche Flight Line Tool Kit (49 Tools)

(NATS) General Maintenance Toolkit (120 Tools)

■ 卡曼契設計上特別強調維護便利性，飛行線上維護工具組只需四十九件工具（含十二件新設計的專用工具），相較下，美國陸軍標準的直升機通用維護工具組，則含有多達一百二十件工具。

C-5運輸機(7+1架)

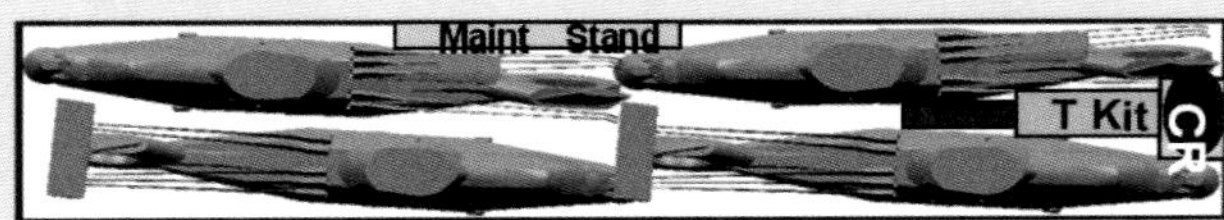

C-17運輸機(4架)

■ 卡曼契的空運部署能力圖解。卡曼契只需經由簡單的拆解整備，便能使用C-5與C-17兩種運輸機空運，每架C-5最多可運輸八架卡曼契，或是7架卡曼契加上一組整備工具套件，C-17則能運載四架卡曼契加上一組整備工具套件。

Chapter 7

第七章 冷戰後的波折至計劃終結

冷戰結束、蘇聯瓦解，給一九九〇年代的美國各項武器系統開發計劃帶來了莫大衝擊，這些原先基於冷戰環境設定的武器系統計劃，必須在失去主要假想敵的情況下，證明自身依舊具備存續的價值。

卡曼契計劃雖然在一九九〇年《主要飛機審查》（Major Aircraft Review, MAR）與一九九三年《通盤檢討》（Bottom Up Review, BUR）兩次全面性軍備計劃審查中先後過關，設法維持了下來，但依舊必須在後冷戰時代不斷惡化的國防預算環境中掙扎求存，並持續調整計劃規模與時程規劃，以適應政治環境變化所帶來的國防建軍採購政策更迭。

新衝擊

帶領卡曼契計劃度過後冷戰時代的頭兩年後，穆林准將（Orlin Mullen）在一九九四年八月卸任退伍，由史奈德上校（James Snider）接掌卡曼契計劃管理辦公室。不過史奈德上任後，卡曼契計劃立即便遭遇了新的危機。

對於正著力於削減軍費的柯林頓政府國防管理班底來說，當時被美國陸軍列為第一優先、而且耗資高昂的卡曼契直升機計劃，自然是一個明顯的裁減目標。史奈德上任後剛滿一週，便接到副國防部長達奇（John Deutch）的指示，要求美國陸軍研擬卡曼契計劃遭取消時的替代方案。

當柯林頓政府完成新的五年國防計劃（Five-Year Defense Plan, FYDP）制定後，讓美國陸軍領導階層與直升機業界深感危機。按當時的規劃，在美國陸軍的幾種主力直升機中，AH-64阿帕契在一九九四財年訂購的最後十架全新機體於一九九六年交機後，便將停止採購；CH-47契努克則在一九九二財年採購兩架用於補充波灣戰爭損耗的機體後，美國陸軍亦不再採購全新機體（除了透過FMS替海外用戶訂購的機體外）；就連仍在持續量產中的UH-60黑鷹，亦打算在兩年後的一九九六年結束量產。

因此一旦卡曼契計劃遭到取消，美國直升機業界也將失去為美國陸軍生產新型軍用直升機的機會，只剩少數海外用戶訂單、以及針對既有機體的翻新升級的工作可作，進而嚴重傷害美國直升機產業的研發與生產能力。

於是副助理陸軍部長佛斯特中將（William Forster）在一九九四年一次會談中，便極力強調陸軍預算已連年遭到削減的事實，並要求在一九九六財年增撥六億美元預算，以因應當前軍備現代化計劃所需。

稍後在一九九四年十月，助理國防部長卡明斯基（Dr. Paul Kaminsky）指示史奈德，按其前任穆林准將的規劃開始實施「流線化」策略，同時附帶了四項指令：

◆更新替代選擇分析（Analysis of Alternatives, AOA）報告，藉以衡量「流線化」策略對作戰效益的影響。

◆對系統設計成熟度進行分析，確認是否達到可靠性、維護性與性能的設定門檻。

◆將第二架作戰測試與評估用機體，改為帶有長弓雷達的構型。

◆針對承包團隊宣稱的一萬小時機體壽命，擬定合理的說明。

不過在美國陸軍正式開始為卡曼契計劃實施「流線化」策略之前，隨著國防高層人事的異動，又給卡曼契計劃帶來新的衝擊。

原任國防部長亞斯平因個人健康因素與索馬利亞軍事失利事件而離職，於一九九四年二月三日由派里（William Perry）接任國防部長一職。派里上任後，各軍種過了相安無事的頭十個月，但實際上派里正在擬定一項大規模的軍備計劃裁減政策，並在這一年年底正式發動，美國陸軍在一九九四年十二月九日再次收到國防部的重組卡曼契計劃要求。

這次計劃重組主要是由副國防部長達奇所主導，實際上是一項大型國防計劃刪減與重組措施的一環，並且很可能會導致卡曼契量產計劃的終止。

於是這時候的美國陸軍，面臨了一個二選一的難題：兩項被列為高度優先的計劃——卡曼契直升機，與先進野戰砲兵系統（Advanced Field Artillery System, AFAS）（註一），都同時面臨可能遭到取消的問題，最後美國陸軍決定犧牲卡曼契。

註一：先進野戰砲兵系統也就是十字軍（Crusader）自走砲。

■ 用於接替OH-58與AH-1的新一代偵搜攻擊直升機RAH-66卡曼契（上），以及預定用於接替M109系列自走砲的XM2001十字軍自走砲（下），並列為美國陸軍一九九〇年代的兩大優先計劃。面對柯林頓政府的軍費削減政策，美國陸軍選擇犧牲卡曼契，延長卡曼契的發展與測試作業，並無限期推遲量產決策，試圖將更多資源集中到十字軍自走砲上。但不幸的是，最後兩項計劃都沒有被保住。

卡曼契與先進野戰砲兵系統兩個計劃相較下，美國陸軍更能承受推遲甚至取消卡曼契的損失，即使沒有卡曼契，還有一九八〇年代中期開始服役的OH-58D這款尚稱現代化的偵搜直升機可用。而先進野戰砲兵系統，也就是十字軍自走砲所欲取代的M109系列自走砲已服役將近三十年，換裝的急迫性明顯更高。

於是美國陸軍大幅降低了卡曼契計劃的位階與優先性，並再次展延整個計劃的時程，藉此削減卡曼契計劃短期內的開支，以便將預算資源集中到先進野戰砲兵系統上。

第四次計劃重組

美國國防部在一九九四年十二月十六日發佈的一份《計劃決策備忘錄》（Program Decision Memorandum, PDM），指示將卡曼契計劃改組為一個工業與技術驗證計劃，雖然仍與先前一樣將以兩架可飛行的原型機進行試飛，但將無限期推遲投入量產。

美國國防部雖未取消卡曼契計劃，但將這項計劃的位階，從原先的實用型直升機開發計劃，降階為技術研究驗證計劃，這意味著卡曼契計劃將會一直停留在當時所處的展示與驗證第二階段，而暫時取消了進入下一個階段——工程製造發展（EMD）階段、展開全面性工程開發作業的規劃，至於日後是否能投入量產服役，亦陷入未確定。雖然這仍保留了日後轉為實用機型，投入全面開發與服役的可能性，但隨著預算分配優先度的降低，勢必將給後續開發與測試作業造成許多阻礙。

國防部要求卡曼契計劃經理史奈德上校依前述計劃決策備忘錄的指示，在一九九五年三月三十日以前向國防採購委員會（DAB）簡報改組後的計劃規劃。

為了挽救卡曼契計劃，美國陸軍參謀長沙利文上將（Gordon Sullivan）、航空計劃執行官厄比少將（DeWitt Irby）、首席助理陸軍部長德克爾（Gilbert Decker）在內的陸軍高層，與卡曼契計劃經理史奈德上校於西雅圖會談後，決定設法在近期內繼續維持卡曼契的研發與測試，然後等待預算情況許可時，再轉入量產，並初步擬定了新的發展計劃梗概。

新的計劃被稱作「早期作戰能力」（Early Operational Capability, EOC）計劃（註二），這項計劃實質上是一種基於「政治性」需要所作的調整——在花了十二年時間與超過十億美元經費後，除了全尺寸模型外，卡曼契計劃當時仍未能提出任何「明顯可見」的實際成果，好讓高層決策者與大眾認識到他們的錢花的是值得的。

因此早期作戰能力計劃的目的，便在於盡快推出具備一定作戰功能的機體——即使在功能上較真正的量產機略打折扣——以便對外展示卡曼契計劃已具備進入量產服役的能力，讓政府決策者與陸軍高層能認識到這個計劃的價值，從而再次支持為卡曼契的量產計劃撥款。

與一九八八、一九九〇與一九九二年的前三次計劃重組相較，卡曼契計劃第四次重組所引進的早期作戰能力概念，不僅要求繼續進行卡曼契的原型測試，最特別

■ 畫家筆下執行任務中的卡曼契，顯示其具備近岸作戰能力。美國陸軍在一九九六年對卡曼契計劃進行的第四次重組中，引進了早期作戰能力（EOC）概念，意圖建造額外的、功能更完整的原型機，向外展示卡曼契的能力與價值，從而爭取政界高層的支持。

註二：有些文獻把這項計劃稱為「實驗作戰能力」（experimental operational capability），縮寫同樣是EOC。

的是，還要求在二〇〇一年以前再另外交付六架新機體，供測試與評估使用。

這六架EOC機體並不是真正的量產型，不包含武器系統，其任務設備套件也不完整，未包含先進標定系統單元，儘管如此，EOC機體的設備與功能仍比兩架展示與驗證（Dem/Val）原型機更為完整，足以透過「降級」的形式，展示與驗證卡曼契的飛行與偵查能力。更重要的是，透過EOC原型機將能加速整個卡曼契開發作業，並減少相關開支。

國防部國防採購委員會的傳統系統委員會（Conventional Systems Committee, CSC）聽取了早期作戰能力計劃簡報後，在一九九五年三月十六日批准了該計劃，並建議助理國防部長卡明斯基核准這個新方案。卡明斯基則在五天後的三月二十一日批准了這項計劃，並訂出了日後讓卡曼契計劃執行國防採購委員會里程碑II審查，以便正式進入工程製造發展階段的審查標準。

重組後的新計劃排定在一九九七年一月與承包商簽訂早期作戰能力計劃合約，並於二〇〇一年後期交付EOC機體。任務設備套件的發展被分為兩階段，第一階段將發展偵查用感測器，並整合在EOC原型機上，待延遲到二〇〇〇至二〇〇三年左右才進行的第二階段中，才會進行整合武器系統的工作。

具有偵查功能的EOC原型機預定從二〇〇二年展開為期兩年的作戰測試，並在二〇〇四年將武器系統整合到機體內。接下來預定從二〇〇五至二〇〇六年間開始初始作戰測試與評估（Initial Operational Test and Evaluation, IOT&E），只要能通過初始作戰測試與評估這項以模擬實戰環境為目的的全面性作戰測試考核，卡曼契計劃便能獲准投入全速率量產，順利的話，預定在二〇〇六年將能達到初始作戰能力，正式展開服役。

■ 為了應付不斷升高的政界與公眾壓力——卡曼契計劃在花了十二年時間與超過十億美元經費後，除了全尺寸模型外，仍未能提出任何「明顯可見」的實際成果，好讓決策者與大眾認識到他們的錢花的是值得的。於是美國陸軍在一九九六年對卡曼契計劃進行了第四次重組，引進的早期作戰能力概念，重點在於盡快推出具備一定作戰功能（但不完整）的測試用機體並投入試飛，藉以對外展示卡曼契計劃的成果，以便爭取政治支持。照片為波音—塞科斯基於一九九〇年代初期推出的卡曼契全尺寸模型。

卡曼契原型機出廠與初期飛行測試

在美國陸軍忙於卡曼契計劃的第四次重組時，YRAH-66一號原型機的前、後段機身於一九九五年一月二十五日在塞科斯基史特拉福廠組裝為完整機體，開始後續的次系統組裝作業，四個月後的五月二十五日，這架序號94-0327的YRAH-66正式完工出廠。

相較於早先公開的全尺寸模型，卡曼契的展示與驗證（Dem/Val）原型機機體顯得更有稜有角，機身截面呈現明顯的六角形，座艙罩與主旋翼槳轂整流罩的構型也不同，也終於清楚呈現了卡曼契極為獨特、位於尾衍兩側的帶狀發動機排氣槽構型。

一號原型機在同年六月被送到塞科斯基位於西棕櫚灘（West Palm Beach）的發展飛行測試中心（Development Flight Center），經過一連串地面測試後，於一九九六年一月四日進行了長達三十六分鐘的首飛。

由於經費有限，加上遇上一些技術問題，卡曼契的原型測試進度相當緩慢，到一九九六年十月為止的十個月期間，YRAH-66一號機僅僅累積了七小時飛行時數，達到的最大速度為一百節。考慮到先前推進系統測試平臺（PSTB）試驗機在測試中因共振問題導致的動力系統意外，卡曼契原型機的試飛作業進行得格外謹慎，並在初期試飛中限制了動力系統輸出功率，以避免出現共振問題。

為解決傳動系統問題，一號原型機在一九九七年中換裝了改進的減速器，稍後在同年八月恢復試飛，搭配擴大在試飛中使用遙測技術，得以加快測試進度，到一九九七年後期，一號原型機便迅速累積了六十二小時的試飛時數，並達到前進飛行一百七十節、向後與側飛四十五節的成績。

在一號原型機開始加快試飛進度的同時，二號原型機（序號95-0001）的後機身也於一九九六年十二月初從波音送抵史特拉福，與前機身結合後，開始最終組裝工程。二號原型機組裝完工後並未立即加入試飛任務，而是先被送往北卡羅來納的夏洛特（Charlotte），在一九九八年四月於該地舉行的美國陸軍航空協會（Army Aviation Association of American, AAAA）年度論壇中公開展示，然後才送回塞科斯基的西棕櫚測試場。

相比於此時已累積了六十小時試飛的一號原型機，二號原型機被賦予了更大比重的公關展示任務，該機返回塞科斯基測試場後不久，又遠渡重洋送抵英國，在一九九八年九月的法茵堡（Farnborough）航空展上作了首次國際性的公開展示，雖然只是停放於地面的靜態展示，但卡曼契二號原型機仍成為這一屆法茵堡航空展的焦點。接下來該機回到美國國內後，才於一九九九年三月三十日進行了首次試飛，此時距二號原型機出廠已經過了近一年時間。不過緊接在首飛過後，二號原型機又被送到法國，參與該年六月的巴黎航空展。

■ 一九九五年五月二十五日在塞科斯基史特拉福廠完工出廠的YRAH-66一號原型機（上），可與早期公布的全尺寸模型（下）作一對比。可以發現Dem/Val原型機機身兩側稜角更為分明，不像全尺寸模型那樣圓潤，座艙罩與主旋翼整流罩構型也有所不同。

■ 一九九六年一月四日於塞科斯基公司西棕櫚灘發展測試中心首飛的YRAH-66一號原型機，此時距離LHX計劃啟動已經過十二年時間。注意兩側武器艙艙門上漆有橫向的防滑條，這可讓開啟的武器艙艙門充當可供地勤人員站立的維修平臺。

公關攻勢

雖然美國陸軍擬定了新的早期能力計劃，試圖讓卡曼契計劃擺脫困境，不過計劃的實際執行卻不如想像中順利。

為了配合這項新政策，波音與塞科斯基從一九九六年一月開始為調整後的卡曼契研發計劃擬定新的合約文件與武器系統規格，然而由於國會取消了一筆編列在一九九七財年中的四千萬美元預算，導致美國陸軍與承包商間的合約談判陷入僵局，一直拖到一九九六年底仍未能完成合約簽訂。為了因應預算的刪減，最後雙方得出的妥協方式，是讓原本預定安裝到EOC原型機上的幾項偵查系統元件，延後到低速率初始量產機（Low Rate initial Production, LRIP）再行安裝與測試，長弓雷達的整合時程也大幅展延，改為待卡曼契服役後，再於後續升級計劃中引進，預定完成整合的時間將拖到二〇〇九財年。

解決了美國陸軍與承包商間的歧見後，雙方終於在一九九七年一月一日達成新合約的協議。這份合約總額約三十七億美元，涵蓋了早期作戰能力計劃策略下的研發與測試作業，合約採用成本附加獎金型式，依照每季的執行效能審查結果，承包商可獲得最多百分之十額度的獎金。新合約包括了兩架既有的展示與驗證（Dem/Val）原型機與六架新的EOC原型機，並要求在二〇〇二年九月前交付所有的EOC原型機。

要讓早期作戰能力計劃執行成功，關鍵在於如何在緊迫的預算限制下，建造並交付六架具備偵察能力的ECO原型機，以便美國陸軍能盡早進行作戰測試。不過除了在工程開發與計劃管理方面的努力外，陸軍與波音—塞科斯基也在宣傳領域另闢戰場，改變了原先以針對政界為主的遊說活動，針對大眾展開了大規模的宣傳公關活動，試圖爭取更多的政治支持。

於是從一九九四年底起，卡曼契直升機的全尺寸模型與模擬器，開始出現在每一場主要的國防展演活動中，波音與塞科斯基還邀請了知名軍事小說作家湯姆．克蘭西（Tom Clancy），透過先進模擬器體驗卡曼契的性能特性。這次體驗讓這位知名作家留下深刻印象，甚至還在一九九五年三月同意無償為美國陸軍一卷十二分鐘長的卡曼契宣傳影片作旁白，並在數個公眾活動中為卡曼契計劃代言宣傳。事實上，在此之前湯姆．克蘭西便已相當注意卡曼契的發展，在他一九九四年八月出版的新小說《美日開戰》（*Debt of Honor*）中，便曾將卡曼契寫進小說中。

■ 美國陸軍與波音—塞科斯基團隊從一九九〇年代中期開始加強卡曼契計劃的公關措施，積極參與各項展演活動，照片為在一九九九年巴黎航空展中展出的YRAH-66二號原型機。

■ 在一九九八年九月法茵堡航空展中首次公開亮相的YRAH-66二號原型機。卡曼契在這屆法茵堡航展中只停放於地面作靜態展示，但開啟了座艙罩、內置武器艙與發動機艙供外界參觀。

Tom Clancy
Debt of Honor

■ 為了強化對卡曼契計劃的公關宣傳，波音與塞科斯基特別邀請了知名軍事小說作家湯姆．克蘭西參觀相關計劃，並透過模擬器體驗卡曼契的特性，讓他留下深刻印象。湯姆．克蘭西亦十分注意卡曼契的發展，早在一九九四年八月出版的小說《美日開戰》中，便將卡曼契寫進小說情節中。上圖即為《美日開戰》英文版一書的封面書影。

美國陸軍與承包商們的努力也收到了一定程度的回報。在一九九五年中YRAH-66一號原型機推出後不久，柯林頓政府公佈的陸軍現代化計劃中，並未給予卡曼契足夠的支持，以致危及陸軍的航空力量發展規劃，幸運的是，國會適時伸出了援手，主動將一九九六財年的卡曼契計劃預算從一億美元增加到兩億九千九百萬美元。

第五次計劃重組——從早期能力計劃(EOC)到預量產原型計劃(PPP)

早期能力計劃的策略，讓卡曼契計劃平安的度過了兩年，不過當新任卡曼契計劃經理貝爾岡茲准將（Joseph Bergantz）於一九九八年七月接掌計劃後，又浮現了新的問題。

貝爾岡茲察覺到，美國陸軍內部許多航空相關單位官員，開始質疑早期能力計劃的可行性，他們認為若按早期能力計劃的規劃，把一種不能達到量產型規格與品質的「降級版」機體，交付用於作戰測試，反而可能弄巧成拙，讓測試單位與外界對卡曼契留下不良印象，以致損及卡曼契所能獲得的支持。

另一方面，從國會與國防部傳來的情況也顯示，此時正是修改計劃的適當時機，於是在貝爾岡茲主導下，美國陸軍在一九九八年對卡曼契計劃進行了第五次重組。

新計劃的主要目的，是在與先前的早期能力計劃相同預算限制下，加速任務設備套件與長弓雷達等關鍵次系統的發展。

新計劃又被稱作預量產原型機（Pre-production Prototype, PPP）計劃，要求波音與塞科斯基從二〇〇三年起交付額外的十四架測試用機體，其中包括六架預量產型與八架用於初始作戰測試評估的早期量產型。另外預量產原型機計劃還要求將具有完整武器系統與偵查系統的任務設備套件與長弓雷達，整合到PPP機體上，讓PPP機體擁有接近量產型的功能。

■ 一九九六年開始原型機試飛後，卡曼契計劃度過了相對平穩的二年半時間，但是到一九八八年中又再次面臨改組計劃、調整時程安排的衝擊。照片為試驗中的卡曼契一號原型機（上）（下）。

相較於早期能力計劃，預量產原型機計劃把獲得額外測試用機體的時間延後兩年，不過測試機數量從六架大幅增加到十四架，而且功能更完整，可提供額外一千四百飛行小時初始作戰測試與評估的測試所需。

不過在另一方面，預量產原型機計劃把原本要等到卡曼契Lot 6批次量產機體才會開始納入的長弓雷達，提早到Lot 1批次量產機體便行裝備，而整合長弓雷達一直是卡曼契計劃中風險最高的項目，因而此舉將帶有較高的風險，不過對使用單位來說，提早獲得長弓雷達也有其益處。

除此之外，預量產原型機計劃還將國防採購委員會里程碑II審查排在二〇〇〇年三月舉行，較先前規劃提早了十九個月。至於達到初始作戰能力的時間，則與早期作戰能力計劃一樣定在二〇〇六財年。

待通過國防採購委員會里程碑II審查後，卡曼契計劃便能正式進入工程製造發展階段，這階段將以任務設備套件的發展與長弓雷達的整合為重心，PPP機體中將有四架裝備長弓雷達，並從二〇〇五財年開始進行有限度的作戰測試。而PPP機體中的七號機到十四號機等八架機體，將是規格相當於量產型的機體，預定從二〇〇六財年開始投入初始作戰測試與評估。

負責裝備獲得與技術的助理國防部長甘斯勒（Dr. Jacques Gansler）在一九九八年七月二十七日批准了預量產原型機計劃，讓卡曼契計劃完成了第五次重組。

■ 一九九九年初卡曼契計劃第五次改組中，以預量產原型機計劃取代一九九六年第四次改組中引進的早期能力計劃概念，要求獲得數量更多（從早期能力計劃中的六架增加到十四架）、功能也更完整、接近量產規格的測試用機體，以便加速開發進度。照片為難得一見的兩架YRAH-66原型機編隊飛行鏡頭。

進入工程製造發展(EMD)階段

經過一波三折、長達十二年的展示與驗證階段後，卡曼契計劃終於在二〇〇〇年四月四日通過國防採購委員會里程碑II審查，達成了里程碑II審查要求的七項關鍵目標，包括：垂直爬升率每分鐘三百五十呎（107m/min）、FLIR感測器偵測距離、雷達截面積規格、彈道損傷與防護容限規格，以及射控雷達測試等，得到了進入工程製造發展（EMD）階段的許可。

二〇〇〇年六月一日，波音與塞科斯基與美國陸軍簽訂了價值三十一億美元的工程製造發展合約。工程製造發展階段的執行流程，大致是依照先前PPP計劃的規劃，整個工程製造發展階段時程定為六年，不過為了節省成本，將只建造五架EMD原型機與八架IOT&E測試用機，較PPP的規劃少了一架。

在簽定工程製造發展合約的同時，美國陸軍也進一步明確了卡曼契計劃的時程與採購規模規劃。波音與塞科斯基預定從二〇〇三年起，開始生產包含EMD原型與IOT&E用機在內的十三架預量產機，並於二〇〇四年內進行首架EMD原型機的首飛。陸軍將在二〇〇五財年採購Lot 1批次的低速率初始量產機，然後在二〇〇六年達到初始作戰能力，隨後承包商將從二〇〇七財年開始全速率生產，在二〇一〇財年達到年產七十二架的最高生產速率。

至於在卡曼契的總採購量方面，美國陸軍稍早在一九九九年第三季時曾考慮減為一千零九十六架，不過二〇〇〇年六月簽訂工程製造發展合約時則定為一千兩百一十三架，僅較一九九八年第二次計劃重組時的規劃（一千兩百九十二架）稍有減少，其中有四百一十二架為配有長弓雷達的構型，量產總經費需求估計為三百四十億美元，整個量產作業預計將持續到二〇二四年。

工程製造發展階段的設計調整

相較於展示與驗證階段的卡曼契原型機，工程製造發展階段的卡曼契在機體設計上多有所更動，包括：

主旋翼直徑增加一呎（〇・三公尺）、以便為重量不斷增加的機體提供足夠的升力，並修改主旋翼葉片構型（增加下垂的翼尖構造，藉以降低運轉噪音），變更水平安定面構型（在水平安定面兩端各增設一片內傾的垂直安定面），藉此改善方向穩定性，另外座艙罩、發動機艙外罩、主旋翼槳轂整流罩、垂直安定面、機尾導管風扇整流罩、機顎處的機砲基座（增加收納機構，可允許將機砲水平迴轉一百八十度後將砲管收入機座整流罩中），以及尾輪（位置前挪）等部位的構型，也都有所修改，發動機也將更換為功率更大的T800-LHT-801。

不過就像大多數飛機開發計劃，卡曼契的設計重量也出現了逐漸失控的問題。在一九九六至一九九七年之前，卡曼契的重量雖然稍有超標，但還控制在可接受的範圍內，然而隨著設計的深入，以及陸續納入的新裝備與規格細節修正（如增加控制無人機功能，與增設Link 16與衛星資料鏈終端等），加上複合材料的減重效果不如原先預期的樂觀，設計重量也跟著持續攀升。

到進入工程製造發展階段前、後的二〇〇〇年左右，卡曼契的設計空重就已達到八千八百磅（三千九百九十二公斤）或九千零二十二磅（四千零九十二公斤）（註三），較一九九二年時定出的七千七百六十五磅規格超出了百分之十三・三到百分之十六・一，進入工程製造發展階段後，設計空重更進一步攀升到了九千五百磅（四千三百一十公斤）之譜，超出原先規格百分之二十二。於是美國陸軍要求設計團隊進行減重，希望在二〇〇〇年後期將空重減到九千三百磅（四千兩百一十八公斤）。

註三：不同資料來源對卡曼契的空重數字記載有所差異。

YRAH-66 prototype No.1

RAH-66 EMD configuration

延長葉片直徑，增設下垂翼尖
調整槳轂整流罩構型
調整尾翼組構型
擴大垂直安定面面積
調整座艙罩構型
調整進氣口發動機外罩構型
調整導管風扇整流罩構型
調整導管風扇支撐柱構型
調整機砲砲塔構型
尾輪位置前挪

■ 卡曼契展示與驗證Dem/Val原型機與EMD原型機構型對比。從主旋翼葉片、槳轂整流罩、機砲砲塔基座、座艙罩、發動機艙外罩，到機尾導管風扇的整流罩與支撐柱、尾翼組的設計與尾輪位置，都有所修改（如紅色箭頭所示）。

■ 兩架卡曼契展示與驗證Dem/Val原型機各有不同測試任務，照片中的一號原型機主要承擔基本飛行特性、結構負荷，以及關於機體氣動力外型的修改測試。

卡曼契原型機的後期飛行測試

從一九九九年起，兩架YRAH-66原型機都投入了試飛，由於機上搭載有對濕氣十分敏感的儀器設備，為避免影響儀器讀取，所以原型機的試飛都避免在雨天中進行。

YRAH-66一號機又兼有結構測試任務，待飛行試驗告一段落後，這架機體將被用於結構負荷試驗，另外關於外部構型的修改也都由一號機負責測試；而二號機則承擔了T800-LHT-801發動機，與任務設備套件的飛行測試。

與較晚推出的二號機相較，一號機除了搭載的皮托管等測試儀器稍有不同外，發動機艙整流罩與排氣系統也都略有差別。一號機在二〇〇〇年中時接受了一系列修改，修改後的新構型更接近日後的EMD型與量產型（但仍有所差異），安裝了新的尾翼組（水平安定面兩端各增設一片垂直安定面）、位置更低的排氣門、新的主旋翼槳轂整流罩與機尾導管風扇整流罩，不過外觀上最突出的還是安裝在主旋翼桅頂的長弓雷達模型。經過數個月的修改工程後，一號原型機在二〇〇〇年十二月十八日恢復試飛。

YRAH-66一號原型機到二〇〇二年五月結束飛行測試時，一共累積了三百一十八架次、三百八十七小時的試飛時數。而二號原型機到二〇〇一

■ 卡曼契早期原型設計（上）與後期EMD型／量產型（下）的解剖圖對比，可發現座艙罩、主旋翼槳轂、主旋翼葉片翼尖、尾翼組、導管風扇整流罩與尾輪等部位的構型都不同，機砲基座也多了收納機構。

■ 二〇〇〇年十二月完成構型修改後的YRAH-66一號機，可發現尾翼組、機尾導管風扇整流罩、主旋翼槳轂整流罩都與早先不同，主旋翼桅頂還安裝了一套長弓雷達的模型。

■ 這張YRAH-66一號機的正面特寫照片，可以清楚看到該機二〇〇〇年底改裝的新型主旋翼槳轂整流罩，以及尾翼組的構型，注意尾翼組的三片垂直安定面都採用傾斜方式安裝，以避免垂直交角形成放大RCS的角反射器。

年五月為止，也累積了九十三架次、一百零三・五小時試飛時數。

接下來二號原型機更換了更強力的T800-LHT-801發動機，然後從二〇〇二年五月二十三日起恢復試飛，同時也展開夜視系統與武器系統的測試。

如同一九七〇年代以來美軍所發展的軍用直升機，卡曼契的飛行性能亦是以4,000呎/95°F（1,212m/35°C）的高溫高海拔操作環境為基準，美國陸軍要求的飛行規格是衝刺極速一百七十五節／一百六十六節（無雷達／攜帶長弓雷達）、巡航速度一百六十五節／一百四十九節（無雷達／攜帶長弓雷達）、垂直爬升率每分八百九十五呎／五百呎（無雷達／攜帶長弓雷達），側飛與向後飛行八十節，另外還要求擁有在一・六秒內進入懸停掩蔽姿態、在八十節航速下於四・五秒內以「急轉」（snap turn）將機頭朝向目標，以及在四・七秒內懸停迴轉（hover turn）一百八十度、將機頭朝向目標的高度機動性。

在測試中，YRAH-66原型機展現了巡航速度一百六十二節、衝刺速度一百七十五節、俯衝極速兩百零五節（此時主旋翼葉片末梢速度已經略為超過音速）、向左側飛七十五節、向右側飛六十五節、向後飛行七十節、垂直爬升率每分一千四百一十八呎（應為輕載構型），以及在不到五秒時間內迴轉一百八十度、滾轉率每秒一百度的一系列飛行性能，均達到或超過了需求規格。

意料之外的新變數——九一一事件的衝擊

就在卡曼契計劃步入工程製造發展階段，看似終於苦盡甘來、可望逐漸推進到量產服役時，二〇〇一年九月十一日爆發的紐約世貿中心恐怖襲擊事件，卻又再次改變了卡曼契計劃的進程，最後影響到整個計劃的存續。

九一一事件讓美國改變了國防力量的發展與部署重心。隨著美國發動全球反恐行動，以及先後在阿富汗與伊拉克展開的作戰行動，美軍隨後便在這兩地陷入了長期的低強度綏靖作戰。

阿富汗與伊拉克的戰事如同無底洞般，不斷吸納了美軍的人力、物力與財力資源，也影響到美軍的軍備發展方向。在這種低強度作戰中，美軍在冷戰時期耗費巨資開發的精密武器系統沒有發揮所長的餘地，主角讓位給各式各樣的綏靖鎮暴裝備。而隨著美軍主要作戰型態的改變，美國國防部也重新調整了國防資源的配置重點，大幅削減了對於冷戰時代遺留計劃的投資，以便把資金轉用到更適合綏靖作戰的採購項目上。

在這樣的氛圍下，任何不能在阿富汗或伊拉克這種作戰環境派上用場的武器系統，其優先性甚至存在價值都會受到質疑，於是當時美軍幾項主要的武器系統開發計劃，如空軍的F-22、陸軍的十字軍自走砲等，都面臨了大幅縮減規模、甚至取消採購的壓力，卡曼契計劃自然也不例外。

卡曼契原本是為了因應一九八〇年代的「空陸戰」準則、在西歐戰場對抗蘇聯地面部隊的高強度作戰環境而設計，但顯然的，卡曼契主要的「賣點」，如低可觀測性、高飛行機動性等，在阿富汗、伊拉克的低強度綏靖作戰中都派不上用場。

■ 二〇〇一年發生的九一一恐怖襲擊事件，逆轉了美國的國防戰略與軍事裝備發展政策，繼冷戰結束帶來的衝擊後，給美國的主要武器開發計劃帶來第二次大衝擊，包括空軍的F-22戰鬥機、陸軍的卡曼契直升機與十字軍自走砲等等，都受到了影響。

此外，卡曼契預定搭載的精密偵測感測器與航電系統，在一九八〇年代到一九九〇年代初期的確稱得上尖端先進，許多系統都是直升機領域首見的裝備，如全玻璃化座艙、頭盔顯示器、數位化彩色移動地圖顯示器、第二代FLIR、多感測器資料融合技術，以及直升機線傳飛控系統等。

不幸的是，卡曼契的發展時程受各種主、客觀因素的影響而延宕過久，原本應該在一九九〇年代中期就投入第一線服役的卡曼契，到了二十一世紀初期仍停留在開發階段，然而電子技術的發展一日千里，隨著一九九〇年代後期開始的資訊科技與通訊技術革命，對二十一世紀初期的電子技術來說，卡曼契的感測器與航電裝備不但不再那樣的先進稀有，當前的技術還能以更低的成本，提供同等的功能與性能。

反之，原本只是輔助用途的無人飛行載具（UAV），反而在這種環境中大放異彩，相當程度的替代了原先卡曼契所欲扮演的戰場偵搜角色。隨著電子技術的進步，加上省略了駕駛艙相關設備，起飛重量兩千至三千磅等級的中型無人機，就能攜帶足夠精密的日／夜間全天候感測器與目標標定系統，甚至還能配備卡曼契沒有的合成孔徑雷達，必要時亦能攜帶地獄火飛彈等武器。

雖然無人機的巡航速度略低於卡曼契這等級的直升機（以螺旋槳推進的中型無人機來說，最大巡航速度大致較卡曼契低了百分之十至百分之三十五左右），而且由於缺少飛行員、無人機只能依賴資料鏈從遠端控制站操作，在臨機應變與反應上遜於有人駕駛的卡曼契。

但無人機擁有數倍甚至十倍於卡曼契的滯空時間（卡曼契設定的最大耐航時間為二・五小時，相較下MQ-1等中型無人機動輒可有十至二十小時以上滯空時間），還有無須顧慮己方飛行員生命安全的優勢，足以彌補這方面的不足。此外無人機在設計上亦能整合匿蹤性，這也抵銷了卡曼契的匿蹤設計優勢。憑藉著這幾個特性，無人機可以更低的成本，來滿足既定的戰場偵搜與監視需求，任務風險也更低。

■ 在展開LHX／卡曼契計劃的一九八〇年代後期到一九九〇年代初期，卡曼契的許多航電配備，在直升機領域都是首開風氣之先的超先進裝備，如全玻璃化座艙、頭盔顯示器、數位化彩色移動地圖顯示器、第二代FLIR與多感測器資料融合技術等，但由於計劃延宕過久，到了二十一世紀初期，卡曼契這些配備已不再稀奇，新一代的資訊科技還能以更低的成本提供同等甚至更高的功能。上為YRAH-66原型機的前座座艙配置，下為後座座艙，在二十多年前這樣的玻璃化座艙堪稱十分先進，但今日已是十分普遍的構型。

當然這並不意味著無人機可以完全替代有人駕駛的武裝偵查直升機，但無可否認的是，無人機的普遍應用，確實是大幅降低了對於有人駕駛偵查直升機的需求，在「後九一一時代」的作戰環境中，美國陸軍若還是按照原先的計劃採購上千架卡曼契，在資源分配的合理性與任務需求的必要性上，顯然將會產生許多疑慮。

第六次計劃重組

阿富汗與伊拉克的戰事經驗顯示，新一代的無人機，已能相當程度的滿足原先預定由卡曼契來承擔的戰場偵搜任務，而且運用成本與任務風險都更低，因此美國陸軍對卡曼契的需求已經大為降低了。但這並不意味美國陸軍完全不需要卡曼契，雖然反恐綏靖任務成為二十一世紀初期美國陸軍主要的作戰型態，但日後還是有遭遇高強度作戰的可能，在未來可能的作戰情境中，卡曼契仍存在一定價值。

儘管如此，仍須對卡曼契計劃再次進行重組，適當調整採購規模，以便重新配置資源，讓美國陸軍的航空力量構成與發展方向，能適應「後九一一時代」的作戰環境與需求變化。基於前述情況，美國陸軍在二〇〇二年中對卡曼契計劃作了第六次的重組。

二〇〇二年十月二十一日，國防部負責裝備需求的助理部長阿爾德里奇（Pete Aldridge）藉由簽署一份獲得決策備忘錄（acquisition decision memorandum, ADM），正式批准了美國陸軍的卡曼契重組計劃。這次計劃重組將卡曼契的採購總數，從一千兩百一十三架大幅削減到六百五十架，其中七十三架為分屬不同Lot批次的低速率初始量產機，其餘五百七十七架為從二〇一一年起以年產六十架速率交機的全速率量產機（註四），量產作業時間預定持續到二〇一九年。工程製造發展階段建造的測試用機體亦從十三架減為九架，交付時間從二〇〇四年延後到二〇〇六年，達到初始作戰能力的時間也延後到二〇〇九年九月。

註四：若經費許可，美國陸軍希望將全速率產能提高到每年九十六架。

藉由這次重組，可望將卡曼契量產階段總費用從三百九十三億美元減為兩百六十九億美元，不過單位成本也將隨之攀升百分之三十三，達到三千兩百三十萬美元。

按照調整後的計劃，承包商將從二〇〇五財年開始交付四架發展測試用機體，稍後再交付五架訓練用機體，這九架機體將用於飛行測試、任務設備套件初始整合與接下來的飛行系統整合測試，以及有限用戶測試（limited user test, LUT）。藉由有限用戶測試，可在啟動低速率初始量產之前，驗證卡曼契的關鍵性能需求，並依據測試結果，來決定暫訂於二〇〇七年初舉行的國防採購委員會里程碑III審查結果，從而確認是否讓卡曼契投入低速率初始量產。若順利通過國防採購委員會審查，陸軍預期將於二〇〇八年後期開始接收頭十六架低速率初始量產機，並組成第一個卡曼契中隊。

國防部另外還同意為總值三十二億美元的工程製造發展階段計劃，另外增加三十七億美元資金，並將工程製造發展階段開發時間延長九個月，以便在凍結設計前，承包商能有更多時間解決既有的技術問題。

■ 無人飛行載具的發達與普及，相當程度取代了原預定由卡曼契承擔的戰場偵蒐任務，也讓卡曼契計劃的存續陷入危機。照片為美國陸軍所屬的MQ-9C灰鷹增程多任務UAV。

表一 卡曼契計劃的六次計劃重組

區分	Dem/Val階段開始時間	EMD階段開始時間	研發費用(美元)	IOC時間	主要內容
原始計劃	無	FY86	32億	FY92	—省略Dem/Val階段 —合併DAB MS I/II審查 —採購量4,535架
第1次重組(1988年)	FY88	FY90	39億	FY97	—取消通用型 —納入爲期23個月的Dem/Val階段 —Dem/Val階段結束後選出承包商 —採購量降爲2,096架 —EMD階段定爲69個月
第2次重組(1990年)	FY88	FY86	53億	FY99	—Dem/Val階段延長爲52個月 —Dem/Val階段下分兩階段： 第一階段：競標發展 第二階段：完成選商與設計 —採購量降爲1,292架 —EMD階段定爲39個月
第3次重組(1992年)	FY88	FY98	67億	FY03	—Dem/Val階段延長爲78個月 —增加長弓雷達需求 —驗證所有關鍵元件 —原型機從4架減爲3架 —EMD階段定爲60個月
第4次重組(1996年)EOC計劃	FY88	FY02	78億	FY06	—長弓雷達整合延後(到FY09) —FY01交付6架具偵查能力的EOC機體 —研發測試評估(RDTE)延長到FY06
第5次重組(1999年)PPP計劃	FY88	FY00	83億	FY06	—取消EOC原型機 —加速長弓雷達與任務裝備套件(MEP)整合 —FY03年開始交付14架量產規格的測試用機體
EMD合約(2000年)	FY88	FY00		FY06	—採購量降爲1,213架 —2004年開始交付13架預量產機(5架EMD機與8架IOT&E機)
第6次重組(2002年)	FY88	FY00		FY09	—採購量降爲650架 —EMD機減爲9架，2006年開始交付

重量失控與系統發展問題

機體超重與任務設備套件的整合，是當時卡曼契計劃遭遇的兩大問題，如何減重與發展任務設備套件系統軟體，也就成了波音與塞科斯基著力的主要方向。

其中機體超重幾乎是無可避免的宿命，由於事先的估計不足，加上未在原先設計內的重量增加，在這次計劃重組之前的二〇〇二年三月，卡曼契的超重情況，便已經危及該機的航程性能，以及美國陸軍在關鍵性能參數（key performance parameter, KPP）中所要求的每分鐘五百呎爬升率需求——這是直升機緊急迴避敵火攻擊所不可或缺的性能。

為了達到爬升性能指標，美國陸軍打算引進輸出功率進一步提升的T800-LHT-802發動機，不過即使改用功率更大的新發動機，仍須將卡曼契的機體空重壓低到九千九百四十八磅（四千五百一十二公斤）以下，才能達到設定的性能需求。

在航程問題方面，當時卡曼契的空重，已經比能達到任務航程需求所能允許的最大重量，還要超出兩百二十磅。由於機體超重，在最大起飛重量的限制下，將影響到可攜帶的燃油量，並造成耗油率的提高，以致減損航程性能。美國陸軍期望將超重幅度控制在一百磅以內。

針對超重問題，美國陸軍啟動了一連串減重措施，包括削減旋翼系統、前機身與其他元件的重量，另外還考慮調整作戰需求文件（ORD）中的規格設定，以便在重量與性能方面取得更大的餘裕。考慮中的規格調整包括：將長弓雷達排除在KKP規格的酬載重量設定之外、降低自力部署航程規格，以及從標準武器酬載中減去兩枚地獄火飛彈等（原本是四枚地獄火和兩組刺針飛彈發射器〔單枚或雙枚裝〕，或是六枚地獄火）。

至於在軟體發展上的問題，一方面是各次系統（雷達、武器與導航等）同時並行發展所帶來的混亂所導致，重組後的計劃略為調整了各次系統的開發與部署時程，將部份進階功能（如高階的無人機控制功能、機砲砲塔的完整空對空能力，以及Link 16與衛星資料鏈）延後到更後面批次的量產機再納入，藉以緩解問題；另一方面則是軟體的複雜性與規模所造成，據稱卡曼契的系統軟體規模甚至還比F-22更大，必須透過改進軟體開發的管理架構與流程來解決。

依循前述原則，陸軍將卡曼契的量產機批次區分，從早先的四個Block調整為五個Block批次，按批次循序漸進的達到所有關鍵性能需求指標，五個批次分別如下：

Block I：LRIP型，從Lot1到Lot3批次的第十二號到第八十九號機，具有大多數主要的感測、通信套件與武器系統，並有Level 2的無人機控制功能，長弓雷達列為目標配備（但非必要配備），二〇〇九年開始交付。

Block II：全速率量產型（Full Rate Production, FRP），從九十號機到兩百零九號機，長弓雷達列為基本門檻裝備，增設

表二 卡曼契的設計空重變化

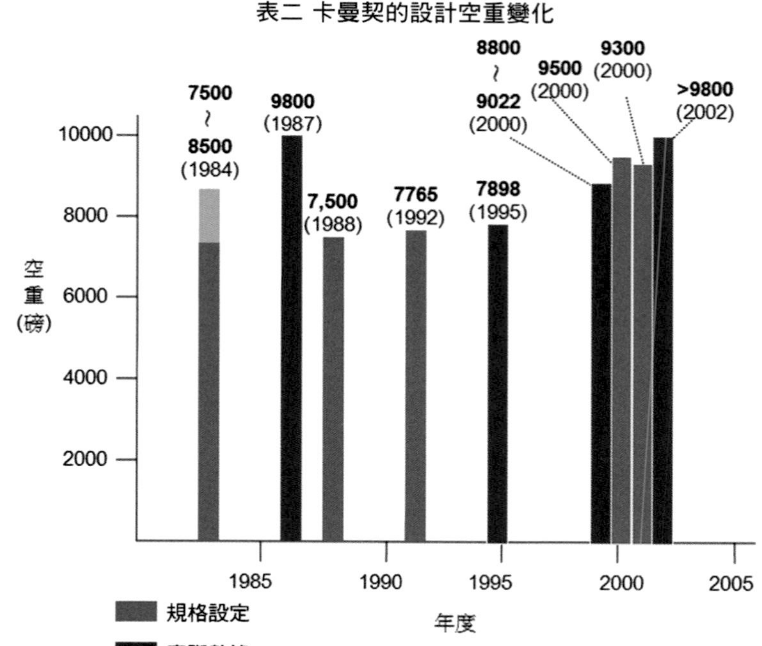

■ 由於複合材料的減重效果不如預期理想，加上隨著功能需求增加不斷增設的裝備，導致卡曼契的機體超重問題日趨嚴重，一九八〇年代末期設定的機體空重是七千五百磅，到了二〇〇二年時已增加到將近一萬磅，重量增加了百分之二十五之多。

Level 4的無人機控制功能、Link 16與衛星資料鏈，二〇一一年開始交付。

Block III：增強武裝偵查型（Enhanced Armed Recon），第兩百一十號機以後，二〇一三年開始交付，增設用於攜帶外掛設備的增強燃油與武裝管理系統（Enhanced Fuel and Armament Management System, EFAMS，即安裝在機體兩側的可拆卸式短翼）、戰術專家輔助功能、感測器融合功能，還會增設HF無線電，並增加擁有整合廣播服務（IBS）系統連接能力的衛星通信功能，二〇一三年開始交付。

Block IV與V：改進目標部隊型（Improved Objective Force）與目標部隊升

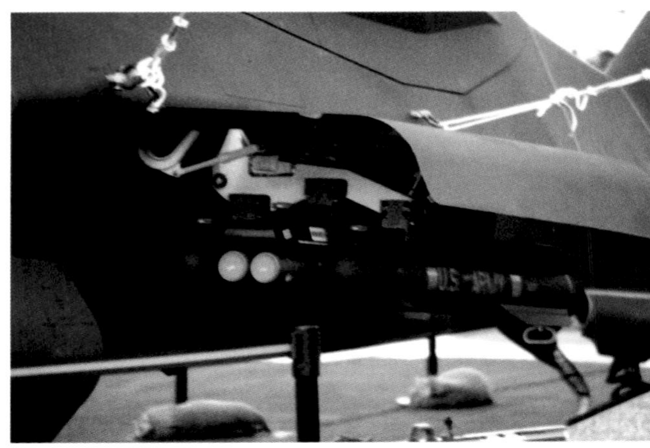

■ 為了抑制機體重量不斷增重的問題，美國陸軍在二〇〇二年對卡曼契計劃的第六次重組中，曾考慮變更內載武器數量規格，減少飛彈彈藥攜載數量，從標準武器酬載中減去兩枚地獄火飛彈（原訂標準是六枚地獄火，或四枚地獄火和兩組雙管刺針飛彈發射器）。

表三 二〇〇二年計劃重組後的卡曼契Block批次區分

批次	Block I	Block II	Block III	Block IV/V
類型	低速率初始量產型	全速率量產型	增強武裝偵查型	改進目標部隊型與目標部隊升級型
Lot批次	Lot 1～Lot 3	Lot 4～Lot 5	—	—
機體序號	第12～89號機	第90～209號機	第210號機～	—
IOC時間	2009	2011	2013	2018/2023
感測能力	◆感測器 —NVPS —EOSS ◆戰術專家功能 —部份功能 ◆長弓雷達 —目標功能 ◆無人機控制能力 —等級II(門檻功能) —等級IV(目標功能)	◆感測器 —NVPS —EOSS ◆戰術專家功能 —部份功能 ◆長弓雷達 —門檻功能 ◆無人機控制能力 —等級IV(門檻功能)	◆感測器 —NVPS —EOSS ◆戰術專家功能 —完整功能 ◆長弓雷達 ◆感測器資料融和 ◆無人機控制能力 —等級IV	◆感測器 —NVPS —EOSS(第3代FLIR) ◆增強型戰術專家功能 ◆長弓雷達 ◆感測器資料融和 ◆無人機控制能力 —等級IV
通信系統	◆VHF/UHF無線電 ◆衛星通信(目標功能) ◆Link 16(目標功能) ◆目標部隊網路連接 —EPLRS	◆VHF/UHF無線電 ◆衛星通信(門檻功能) ◆Link 16(門檻功能) ◆目標部隊網路連接 —寬頻區域網路(WAN)	◆VHF/UHF無線電 ◆HF無線電 ◆衛星通信 —整合廣播服務(IBS) ◆Link 16 ◆目標部隊網路連接 —寬頻區域網路(WAN)	◆VHF/UHF無線電 ◆HF無線電 ◆衛星通信 —整合廣播服務(IBS) ◆Link 16 ◆目標部隊網路連接 —寬頻區域網路(WAN)
武器系統	◆機砲砲塔系統 —完整精確性(目標功能) ◆地獄火飛彈 ◆火箭	◆機砲砲塔系統 —完整精確性(目標功能) ◆地獄火飛彈 ◆火箭	◆機砲砲塔系統 —完整精確性 ◆地獄火飛彈 ◆火箭 ◆空對空刺針飛彈	◆機砲砲塔系統 —完整精確性 ◆地獄火飛彈 ◆火箭 ◆空對空刺針飛彈
酬載能力	◆內置式武器艙	◆內置式武器艙	◆內置式武器艙 ◆EFAMS外載短翼	◆內置式武器艙 ◆EFAMS外載短翼
機體系統			◆重量改進計劃	◆重量改進計劃 ◆改進旋翼系統 ◆改進傳動系統 ◆升級發動機

級型（Objective Force Upgrade），分別於二〇一八與二〇二三年交付，增設寬頻廣域網路等改進的通信系統，改進維護性與可靠性，改用改良型旋翼，以及引進升級的T800-LHT-802發動機等。

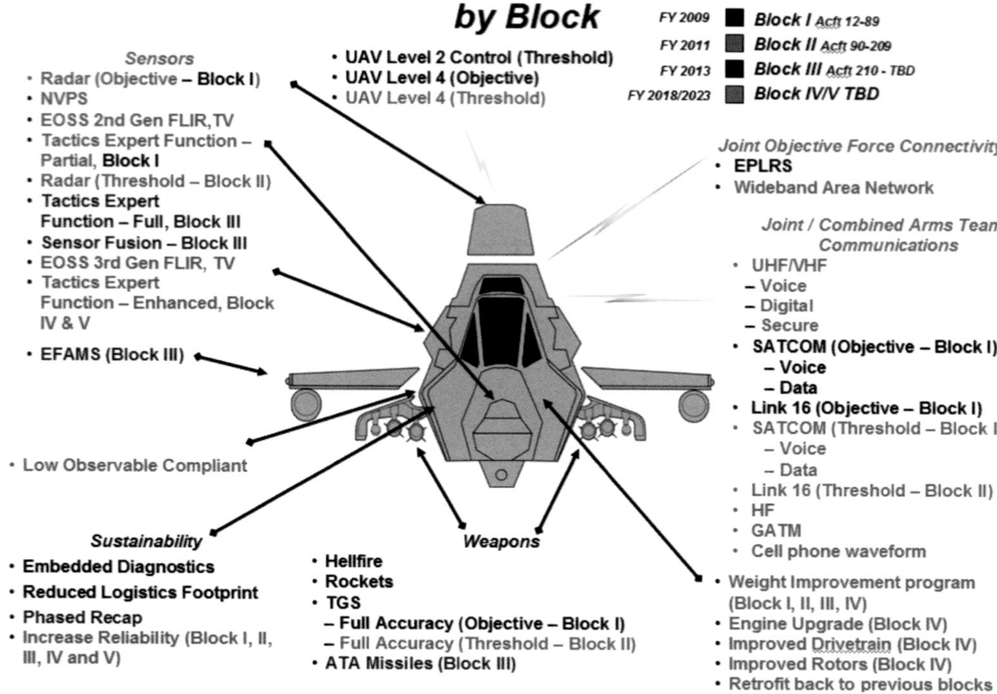

■ 卡曼契各Block批次的裝備區分。 US ARMY

最後全部六百五十架卡曼契都會升級到Block IV與Block V規格。

任務轉型——強化與UAV的協同

特別需要一提的是，在這次計劃重組中，一大重點是為卡曼契升級與無人機間的協同運作功能。

在卡曼契計劃剛啟動的一九九〇年代初期，這款直升機被設定為美國陸軍將來最主要的長程戰場偵查監視載具，比起無人機，卡曼契可提供人在迴路（man-in-loop）的人員臨場判斷，也更能應付敵方的反偵查措施，還能執行一般的攻擊直升機任務。

但是當時間進入一九九〇年代後期，隨著感測器與網路傳輸技術的進步，無人機也能擁有人在迴路功能，甚至也能攜帶武器執行攻擊任務，無人機在美國陸軍作戰體系中的重要性的不斷增加，已是一個不可逆轉的趨勢，已經相當程度取代了原由偵搜直升機承擔的戰術監視與偵查任務，與其讓卡曼契與無人機彼此競爭戰術監視／偵查任務角色，不如設法讓兩者互相配合，截長補短。

因此美國陸軍為卡曼契追加了控制無人機的功能，為此必須為卡曼契增設用於連結與控制無人機的資料鏈與相關控制管理設備。然而這項功能雖能大幅擴展卡曼契的任務彈性，但卻也會帶來開發經費與時程需求的攀升，並進一步惡化超重問題。

表四 卡曼契不同批次達成關鍵性能參數（KPP）的預定目標

性能指標	Block I	Block II	Block III	Block IV/V
垂直爬升率(1)	Yes (＞600ft/min)	Yes (＞650ft/min)	Yes (750ft/min)	Yes (＞750ft/min)
EOSS光電系統目標分類與識別距離	Yes	Yes	Yes+ (高分辨率顯示)	Yes+ (高分辨率顯示)
雷達截面積(RCS)	Yes	Yes	Yes	Yes
發動機紅外線訊跡	Yes	Yes	Yes	Yes
通信互操作性(2)	Yes (24 of 68)	Yes (58 of 68)	Yes (61 of 68)	Yes (68 of 68)

(1)門檻值500ft/min，目標值750ft/min。
(2)門檻為二十四項關鍵系統，目標為六十八項系統。

與此同時，美國陸軍也開始研擬混合配備偵搜直升機與無人機的直升機單位編制，在美國陸軍當時研擬中的「目標部隊」（Object Force）新世代陸軍編制中，便曾考慮在新編制的旅級UA單位（unit of action）中，部署一支由十二架卡曼契與八架無人機構成的偵查監視分遣隊。

為了卡曼契的無人機協同相關功能的發展，美國陸軍還決定捨棄為卡曼契引進更先進的感測器與更好的動力驅動系統項目，轉而將經費投注在卡曼契的無人機控制功能上。卡曼契計劃管理辦公室估計，在二〇〇四到二〇〇九財年間，將投入六億四千四百萬美元經費在卡曼契的無人機相關功能上。

在此之前，美國陸軍已利用AH-64D與卡曼契兩款機型，針對與無人機編隊作業進行了數年試驗，包括搭配RQ-5A獵人（Hunter）協同作業的試驗。不過當時陸軍尚未確認與卡曼契協同運作的無人機，將是一種既有的現役機型、或是正在發展中的機型，抑或是專門為了搭配卡曼契而去發展一款新的無人機。

質疑與爭議

藉由重組發展計劃、大幅削減採購數量與延後時程，讓美國國防部暫時允許卡曼契計劃繼續執行。不過美國陸軍仍抱怨六百五十架的採購量太少，聲稱至少需要八百一十九架卡曼契，才能滿足「目標部隊」規劃的需要，並希望能在二〇〇八年就投入服役。

依照冷戰時代的往例，美國陸軍增購卡曼契的期望，未必沒有實現的可能，舉例來說，在一九七〇年代初期，美國國防部最初只打算讓陸軍購買一千一百餘架黑鷹直升機，但歷年增購的結果，最後卻累積購買了兩千五百架以上。但問題在於，時間已經進入後冷戰時代了！冷戰時期的往例已不再有效。

事實上，卡曼契計劃面臨的危機，並沒有因為這次重組而減少。依舊有許多批評者認為，當時環境已經不再需要卡曼契這種高度精密、極低可觀測性的偵搜直升機，卡曼契的功能與任務需求所基於的冷戰威脅環境，已不再存在。而且卡曼契的角色與功能均與阿帕契這款已經完成發展且量產部署的機型，有相當的重疊。這些反對卡曼契的人們認為，應該取消卡曼契計劃，把經費轉用於OH-58D與AH-64D的升級。

至於卡曼契的匿蹤性能，部份批評者也認為這只能讓該機的生存性較既有機型稍有改善，並以在伊拉克作戰時，美國陸軍與陸戰隊的直升機遭紅外線導引飛彈、RPG火箭與小口徑武器擊落的例子為證，指出敵方並未使用雷達導引飛彈，因此卡曼契相對於傳統直升機

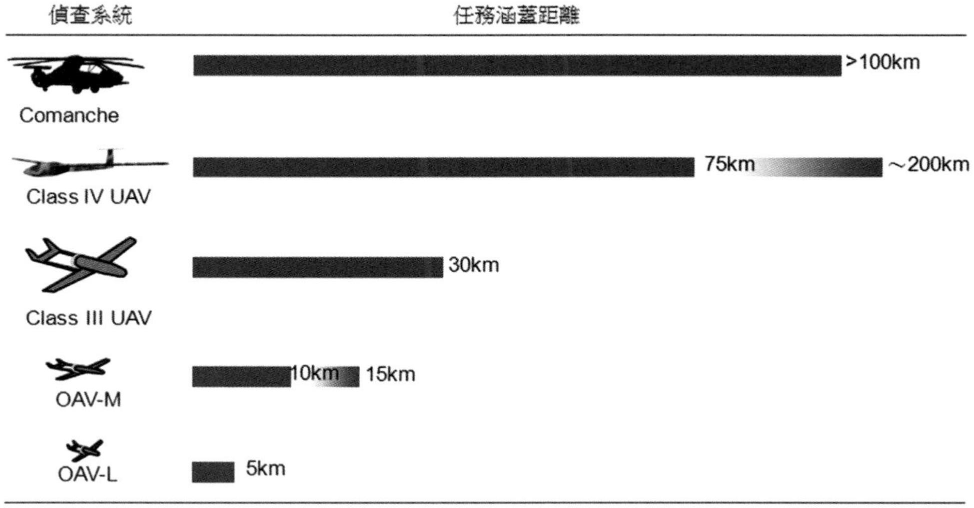

偵查系統	任務涵蓋距離
Comanche	>100km
Class IV UAV	75km ～200km
Class III UAV	30km
OAV-M	10km 15km
OAV-L	5km

■ 美國陸軍主要航空偵查／監視系統的覆蓋距離。
為了適應無人機地位日趨重要的現實，卡曼契被轉型為與無人機互相搭配的一種長程偵測系統。在美國陸軍的偵查／監視感測系統定位中，各主要系統的涵蓋距離為：
卡曼契：100公里。
類型IV UAV：75公里，可延伸到200公里。
類型III UAV：30公里。
中型OAV無人飛行載具（OAV-M）：10公里，可延伸到15公里。
小型OAV無人飛行載具（OAV-L）：5公里。

的最大優勢——雷達匿蹤性——已經發揮不了多少作用（註五）。

註五：卡曼契的匿蹤設計雖然同時針對了雷達、紅外線、聲訊與視覺四個領域，不過相對於OH-58、AH-64這類傳統構型直升機，仍是以雷達匿蹤方面具備最顯著的優勢，雷達訊跡削減幅度可達兩百倍到四百倍以上，相較下紅外線、聲音、視覺等其他方面的訊跡降低效果，則只有一・三至六倍左右的程度。

卡曼契計劃的支持者亦承認，冷戰威脅已經煙消雲散，但諸如科索沃與索馬利亞這類低強度衝突卻給陸軍航空力量帶來更大的重負。隨著國際情勢的演變，美軍必須比冷戰時代擁有更高的部署彈性、更少依賴前進基地、且具備更多樣化的能力，而卡曼契正能滿足這三項關鍵能力的要求，相較於AH-64D或OH-58D，卡曼契的自力部署航程性能都居於優勢，因而能帶來更大的戰略部署彈性。

此外，卡曼契的支持者還認為，卡曼契能讓部隊的任務遂行更具效率，並能減少維護壓力。美國陸軍在一份《替代選擇分析》（Analysis of Alternatives）研究中，比較了由AH-64D與OH-58D組成的空中騎兵中隊，以及由阿帕契與卡曼契組成單位的作戰效率，結果顯示：配有卡曼契的單位，無論在態勢感知能力、生存性還是殺傷能力方面，都明顯勝過另一單位。相較於OH-58D，卡曼契能提供更好的感測能力、殺傷力、航程、敏捷性與生存性。此外，當以卡曼契協同AH-64D長弓阿帕契運作時，卡曼契的匿蹤性亦能明顯改善阿帕契的生存性。

但從另一方面來看，卡曼契的性能勝過OH-58D固然毫無疑義，問題在於要付出多大的代價，才能取得這樣的性能改善。經過六次計劃重組、且多次調降採購數量後，卡曼契的採購成本已較原先的設定超出三至四倍，超過三千萬美元的單位成本，較OH-58D新造機或翻新機體的單位成本高出近五倍。

美國陸軍原本宣稱：卡曼契的整體零部件數目較現役機型少了許多，又結合了先進的錯誤偵測與便於維護機載系統模組化機制，搭配維護工具包與特別設計的機身表面維護口蓋，將可有效降低後勤維護負擔，但實際上卡曼契能否達到這樣的目標，卻是一個存在爭議的問題。

表五 卡曼契不同攜載構型與其他機型的航程對比

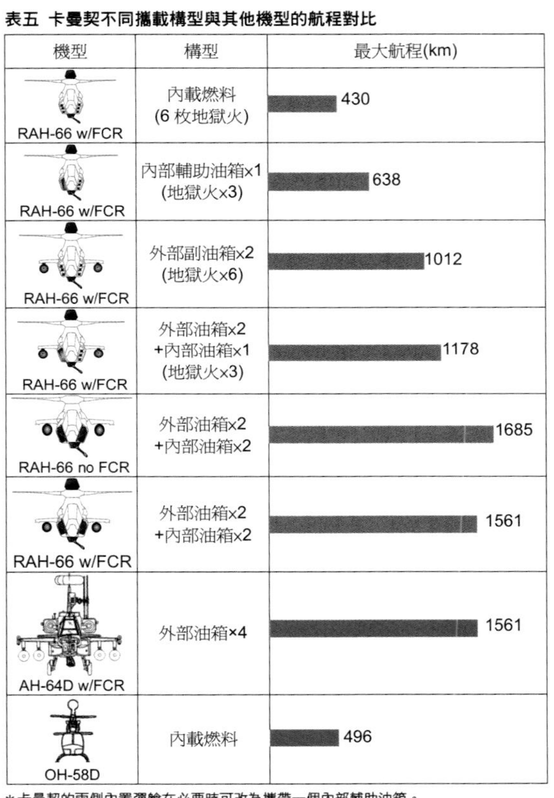

機型	構型	最大航程(km)
RAH-66 w/FCR	內載燃料（6 枚地獄火）	430
RAH-66 w/FCR	內部輔助油箱×1（地獄火×3）	638
RAH-66 w/FCR	外部副油箱×2（地獄火×6）	1012
RAH-66 w/FCR	外部油箱×2 +內部油箱×1（地獄火×3）	1178
RAH-66 no FCR	外部油箱×2 +內部油箱×2	1685
RAH-66 w/FCR	外部油箱×2 +內部油箱×2	1561
AH-64D w/FCR	外部油箱×4	1561
OH-58D	內載燃料	496

＊卡曼契的兩側內置彈艙在必要時可改為攜帶一個內部輔助油箱。

美國陸軍對卡曼契的期望是達到每飛行小時二・六至二・八維護人一時的目標，較現役的OH-58D、AH-64等機型低了百分之四十至百分之七十，維護人力與所需設備也遠低於現役機型。但總審計署（GAO）與國會預算辦公室都認為，這個目標值過於理想化，實務上難以實現，反映到飛行成本上的節省成效有限。依據不同的研究報告指出，雙發動機的卡曼契的單位時間飛行成本，明顯高於單發動機、機載系統也較簡單的OH-58D（每小時兩千零四十二美元對一千五百九十八美元），但低於AH-64D（每小時三千六百二十二美元）。

不過最大的爭議，還是在於卡曼契與AH-64D之間的角色衝突上。按照原先設定，卡曼契將取代OH-58D，作為獨立的偵搜暨攻擊平臺，以及與AH-64D協同作戰的目標指引平臺。但隨著卡曼契採購數量的大幅削減，也增強了阿帕契的重要性，為彌補數量減少的卡曼契，美國陸軍決定繼續改進阿帕契機隊，包括延長壽命與系統升級，或是採購更多的長弓阿帕契。

但諷刺的是，為阿帕契升級與延壽的結果，卻連帶降低了對卡曼契的需求迫切性。部份人士因此認為，依靠升級的阿帕契即可滿足陸軍需求，並質疑卡曼契在攜載外部油箱、武器與彈藥系統，以及空對空飛彈方面的能力，是否能達到需求。

另一方面，美國陸軍亦曾打算升級卡曼契，使其符合「重型」攻擊任務的需求，在二〇〇一年十一月時，便有陸軍官員表示，考慮發展一種「重型」的卡曼契，用以取代AH-64D，認為卡曼契能同時用於未來的武裝偵查與攻擊任務，可以此作為陸軍轉型計劃的一部份。

然而AH-64D是一種技術更成熟、且已開始採購與部署的機型。相對地，卡曼契不但尚未發展完成，而且還存在著超重問題，其動力輸出與燃油攜載能力能否提供足夠的餘裕，藉以滿足重型攻擊任務的需求仍存在許多疑問。另一方面，當卡曼契利用外部掛架攜載更多武器以便執行重型攻擊任務時，也將會損及原有的匿蹤性。若卡曼契不能維持匿蹤，酬載–航程性能又不如阿帕契，以其取代阿帕契的重型攻擊角色的價值，顯然便有所疑慮。

更大的問題，還是在於整體預算資源逐漸減少的情況下，維持卡曼契的發展與採購，與升級阿帕契這兩項計劃之間，將會出現越來越嚴重的預算排擠與衝突。

大時代的犧牲者

由於卡曼契是美國陸軍當時僅餘的一項主要新型航空系統發展計劃，其存廢與否，將嚴重衝擊未來的陸軍航空兵力規劃，以及美國直升機產業的發展，因此美國陸軍一直不輕言放棄這項計劃，寧可藉由多次的計劃改組、削減產量與延長時程，盡可能維持卡曼契計劃的持續進行。

不過這種持續的計劃調整措施，也造成了致命的惡性循環——為降低風險與總投入成本，一再削減採購數量與推遲發展服役時程，導致單位成本不斷地攀升，在一九八〇年代最初仍規劃採購五千零二十三架LHX直升機的時期，美國陸軍估計攤入研發費用後的單位成本是一千兩百一十萬美元，但是在二〇〇二年減為只採購六百五十架後，攤入研發費用的單位成本便高達五千八百九十萬美元。高昂的成本不僅影響了外界的觀感，也讓卡曼契逐漸成為一種難以負擔的昂貴機型。

比起成本的攀升，帶來更嚴重影響的是服役時間的大幅推遲。按

表六　卡曼契與美國陸軍其他直升機的操作成本對比

機型	每飛行小時成本(美元)＊
RAH-66A	1,815
RAH-66A(w/FCR)	2,042
AH-1F	1,705
OH-58D	1,598
AH-64A	3,445
AH-64D	3,622

＊含燃料、消耗品與維修費用。

表七　卡曼契與美國陸軍其他直升機的維護人力需求對比

機型	MMH/FH(1)
RAH-66A	2.81(2)
AH-1F	6.9
OH-58D	4.5
AH-64A	9.5
AH-64D	8.4

(1) MMH/FH為平均每飛行小時所需維護人一時的縮寫。
(2) 計劃目標值。

LHX計劃的原始規劃，這種新型直升機應該在一九九二財年投入服役，一九八八年第一次計劃重組時則把服役時間延後到一九九六財年，但接下來又經過五次計劃重組後，最後卡曼契的服役時間被延後到二〇〇九年底，較原先規劃足足晚了十三至十六年。

世事變化無常，轉眼間滄海桑田，十多年延遲的結果，待卡曼契計劃終於在二十一世紀推進工程製造發展階段，準備過渡到初始作戰測試與量產階段時，不僅外在國際環境已有翻天覆地的變化，技術領域也產生了前所未有的革新。卡曼契原有的表現舞台，不僅已為奠基於新世代資訊科技、通信與感測器技術的無人機所佔去大半，而且卡曼契原先基於冷戰需求而發展的種種先進功能，在新時代也顯得不合時宜，有能力過剩、成本過高之虞。

按照當時國際情勢的變化趨勢，不只近期內沒有對於卡曼契這種高精密匿蹤機型的需求，就長期來看，日後派上用場的機率也不高——即使有需求，需求量也不會達到數百架的程度。

外在情勢的變化，讓卡曼契原有的技術優勢不再是這項計劃的利基，為了發展這些先進功能所付出的代價，反而突出了這項計劃在成本與管理等方面的缺點。如前所述，卡曼契是當時美國陸軍唯一一項主要的新型航空系統發展計劃，但隨著總體預算資源的減少，相形下美國陸軍消耗在卡曼契計劃上的資源比重，也相形提高許多，大量吞噬了美國陸軍的預算資源，在多個年度內，僅僅一個卡曼契計劃便佔去陸軍航空相關預算的百分之四十。

另一方面，卡曼契的發展也出現許多難以克服的問題，如超重及軟體開發與整合等，特別是在逐漸失控的超重問題方面，批評者們抱怨，沒有人知道到底卡曼契最終的重量將會達到何種程度，他們並聲稱，卡曼契的發動機功率已不足以因應該機全備重量下的飛行任務所需。而且陸軍與承包商亦無法保證重量控制措施能夠成

表八　卡曼契與美國陸軍其他直升機的零部件數目對比（單位：個數）

機型	主旋翼	傳動系統	飛控系統	發動機
AH-1F	505	786	910	1447
OH-58D	145	426	324	712
AH-64A	750	1200	2850	1490
AH-64D	780	1248	2964	1550
RAH-66A	**450**	**800**	**870**	**1090**
減少比率(1)	45%	33%	70%	27%

(1)相對於AH-64D。

表九　卡曼契與美國陸軍其他直升機的可支援性對比＊

機型	維護人力需求(1)	支援設備需求(2)	出勤率(3)
RAH-66A(4)	**121人**	**52**	**76%**
AH-1F	252人	301	37%
OH-58D	206人	286	64%
AH-64A	335人	—	60%
AH-64D	314人	320	59%

＊以含有二十四架直升機的航空營／中隊、每架飛機每天平均值勤六小時為基準。
(1)航空營所需地勤維護人數。
(2)維護設備／工具／套件數量。
(3)所有直升機每天飛行六小時為基準。
(4)卡曼契的數據為計劃目標值。

■ 相較於原先OH-58D與AH-64D的組合，卡曼契與AH-64D的組合無論在態勢感知能力、生存性還是殺傷能力方面，都明顯佔有優勢，但卡曼契的採購與操作成本也超出OH-58D許多。照片為編隊飛行中的YRAH-66與AH-64D。

功，陸軍雖然試圖引進功率更大的新發動機，來彌補機體重量的增加，但考量到發展新發動機所需的成本與額外開發測試時間，這種解決方式顯然又會造成另一個最終將導致成本進一步升高、時程再次延後的惡性循環。

因此有越來越多人批評卡曼契計劃在管理上的混亂——事實上，這一部份也是計劃不斷拖延所造成的後遺症，對於一個拖延了二十年以上的開發計劃，隨著人事、外在環境與需求上的異動，本來就難以確保管理效率，儘管如此，卡曼契計劃的技術風險過高確實是一個事實。

考慮到卡曼契計劃所含有的高技術風險與高成本問題，陸軍內部放棄卡曼契的聲浪也逐漸升高，以便能把經費轉用到風險更低、更能滿足當前關鍵需求的項目上。

表十 卡曼契計劃的採購數量變化

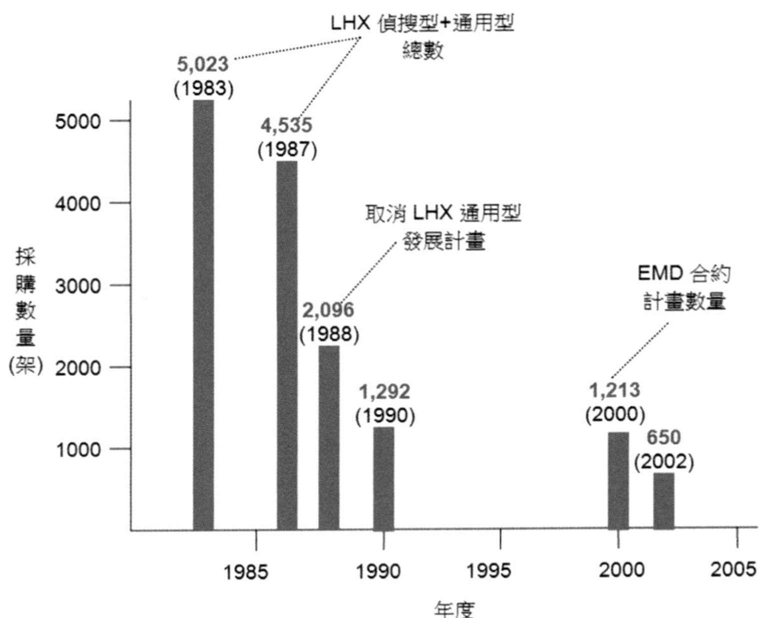

■ 在啟動LHX計劃初期，美國陸軍曾打算採購多達四千至五千架LHX。一九八八年取消LHX通用型時，設定的LHX攻擊／偵查型採購量仍高達兩千架。不過受冷戰結束的影響，一九九〇年代以後設定的總採購量就降到一千兩百架，到二〇〇二年時更減到六百五十架。隨著總採購量的減少，雖然降低了整個計劃的開銷，但攤入研發費用後的單位採購成本，卻也大幅度上漲了四倍以上。

表十一 卡曼契的單位成本變化（單位：美元）

年度	研發費用	採購費用	採購數量	單位成本
1985	32 億	574 億	5,023(1)	1,210萬
1987	54 億	743 億	4,292(2)	1,860萬
1988	39 億	361 億	2,096(3)	1,910萬
1991	48 億	306 億	1,292(3)	2,740萬
2001	82.53 億	345.81 億	1,213(3)	3,530萬
2002	69 億	269 億	650(3)	5,890萬

(1) 含三千零七十二架攻擊偵查型+一千九百五十一架通用型。
(1) 含兩千一百二十八架攻擊偵查型+兩千一百六十四架通用型。
(3) 取消通用型，僅採購攻擊偵查型。

在此之前，卡曼契計劃曾數次成功度過瀕臨取消的危機，如一九九五年底國防計劃重組中，卡曼契便曾一度面臨取消量產、改為技術展示計劃的危機。後來GAO在一九九九年中審查卡曼契計劃時，亦曾強烈質疑卡曼契計劃的價值，並警告逐漸攀升的開發成本，將導致卡曼契計劃在二〇〇八財年時佔去多達三分之二的陸軍航空預算。

更尷尬的情況發生在一九九八至一九九九年的干預科索沃行動中，美國陸軍的有人駕駛攻擊直升機沒有發揮作用，反而是無人機大行其道，更進一步危及美國陸軍繼續支持卡曼契計劃的立場。到二〇〇〇年以後，開始有人認為，美國陸軍繼續進行卡曼契計劃的理由，僅在於維持國內直升機產業的生存，當時美國直升機業界龍頭塞科斯基公司的產能與雇員數量，都降到十年以來的最低點，因此卡曼契合約的存在，對該公司營運有著關鍵的重要性。

但反過來說，要支持美國直升機業界，並不是非得採購卡曼契不可，增購或升級現有機型，亦能達到同樣的目的。

若將卡曼契的開發與採購經費，轉用在採購現有直升機的改進與採購上，或是增大對於無人機的投資，不僅可減少陸軍承擔的技術風險，亦更有利於爭取政治支持。

當二〇〇二年底卡曼契計劃完成第六次改組後，波音費城廠從二〇〇三年初開始生產首架卡曼契EMD原型機的元件，並從二〇〇三年四月二十一日展開機尾結構的組裝，完工後送到塞科斯基位於康乃迪克橋港的工廠，與塞科斯基負責組裝的前機身合為完整的機體。到二〇〇四年初時，已有五架EMD原型機的機體正在兩家主承包商的生產線上組裝中。

■ 全球反恐戰爭造成美國陸軍作戰型態的轉移，並導致資源的重新分配。面對阿富汗、伊拉克等典型的反恐綏靖作戰情境，集各種先進技術於一身的卡曼契不僅顯得格格不入、派不上用場，還佔用了美國陸軍絕大多數的航空項目預算，相較下，現役機隊的補充與升級更具急迫性，這也讓取消卡曼契計劃的聲浪日漸升高，以便將經費轉用到更有成本效益的現役機隊升級上。

然而讓卡曼契計劃繼續維持下去的正當性，已隨著時間而逐漸消失。當採購價格相對低廉許多、技術風險亦不高的機型，就能滿足當前環境的需求時，自然就沒有必要再去採購成本高昂、又帶有相當高技術風險的卡曼契。

另一方面，當時在阿富汗與伊拉克的戰事中，也發生美國陸軍直升機接連遭受損失的事件，到二〇〇四年一月底為止，美國陸軍與陸戰隊在伊拉克與阿富汗已分別有四十一架與十五架直升機遭到擊落或擊傷，其中數起擊落事件還造成重大的生命損失（註六），導致一連串公關危機，也讓美國陸軍承受了必須盡快為既有直升機隊進行升級、改善生存性的壓力，在窘迫的經費限制下，挪用卡曼契計劃的資金，顯然便是一個十分吸引人的選擇。

註六：如二〇〇三年十一月二日一架CH-47D在伊拉克遭SA-7飛彈擊落，造成十六死二十六傷的重大事故，稍後二〇〇四年一月八日又有一架黑鷹直升機遭到擊落，也造成九死的結果。

計劃終結

小布希政府曾考慮取消多項主要的軍機發展計劃，包括美國空軍的F-22戰機計劃，陸戰隊的V-22傾旋翼機計劃等，但最後取消成真的卻只有卡曼契計劃。

二〇〇四年二月二十三日，美國陸軍宣布取消卡曼契計劃，並向國會建議，將原訂在二〇一一年以前用於採購一百二十一架卡曼契的一百四十六億美元經費，轉用於增購七百九十六架新的黑鷹與其他既有型號直升機，以及為一千四百架現役直升機進行升級。至於取消卡曼契後所遺留下來的偵搜直升機需求，美國陸軍認為需要購買三百六十八架新的偵搜直升機加以補足（某些報導則是記載三百零三架）。

取消合約後，美國陸軍必須付給波音與塞科斯基大約四億五千萬到六億八千萬美元的違約金。陸軍參謀長休梅克（Peter Schoomaker）表示：「這是一個重大的決定，但我們知道這是一個正確的決定。」並指出陸軍將改在無人機方面投入更多資源，引進更多類型、更重型的無人機。於是在三天後的二月二十六日，卡曼契二號原型機進行了最後一次飛行後，曾被譽為史上最先進的直升機、已花費六十九億美元開發費用的卡曼契直升機，其長達二十一年的發展故事至此便告一段落。

■ 在困窘的經費情況下，為滿足前線的急需，美國陸軍最後選擇取消卡曼契計劃，將資金轉用於既有成熟機型的增購與升級。照片為正於伊拉克Tal Afar區域巡邏的第三裝甲騎兵團所屬AH-64D與OH-58D。

■ 二〇〇四年二月二十六日卡曼契二號原型機進行最後一次飛行。

卡曼契計劃的遺產

卡曼契計劃雖於二〇〇四年二月慘遭取消，連帶也造成承包商們的重大損失，許多次系統的發展與生產也跟著無以為繼。例如通用動力與GIAT公司原預定生產一千兩百一十七套XM301機砲砲塔系統，供卡曼契使用，但隨著卡曼契的取消，XM301機砲投入生產的機會也跟著落空，迄今仍是一款帶著實驗性X編號字首、未能實際服役的機砲。

不過卡曼契計劃中發展的眾多新技術與新系統也未完全白費，部份技術仍惠及後續其他計劃，例如洛馬公司發展的第二代FLIR技術，也被應用到AH-64D阿帕契改進計劃中，另外塞科斯基在卡曼契計劃中累積的直升機線傳飛控系統開發經驗，也為後來UH-60M的線傳飛控系統應用，帶來了正面貢獻。

而獲得最廣泛應用的卡曼契計劃遺產，是原由艾利森與蓋瑞特兩家公司合資的LHTEC研發，現屬勞斯萊斯與漢寧威公司旗下的T800渦輪軸發動機。

T800發動機是當前最優秀的中等功率渦輪軸發動機（1,300～1,700 shp範圍），原先設定的用戶——卡曼契雖然沒有進入服役，不過T800的民用與外銷型CTS800，獲得數款輕型直升機選用，包括奧古斯塔．威斯特蘭的超級山貓（Super Lynx）300與AW159野貓（Wildcat）兩款直升機（均選用CTS800-4N），土耳其航太（TAI）與奧古斯塔．威斯特蘭合作的T129攻擊直升機（選用CTS800-4A），塞科斯基的X2實驗機也以一具T800-LHT-801為動力來源，搭載機體數量可望超過一百二十架，發動機總銷售量預計可超過三百具。

■ 為卡曼契發展的T800渦輪軸發動機，在卡曼契計劃取消後，仍獲得其他直升機的選用，從而成功的延續發展並投入生產。照片為T800的民用與外銷版CTS800-4N，被奧古斯塔．威斯特蘭的超級山貓300與AW159野貓兩款直升機選為動力來源。

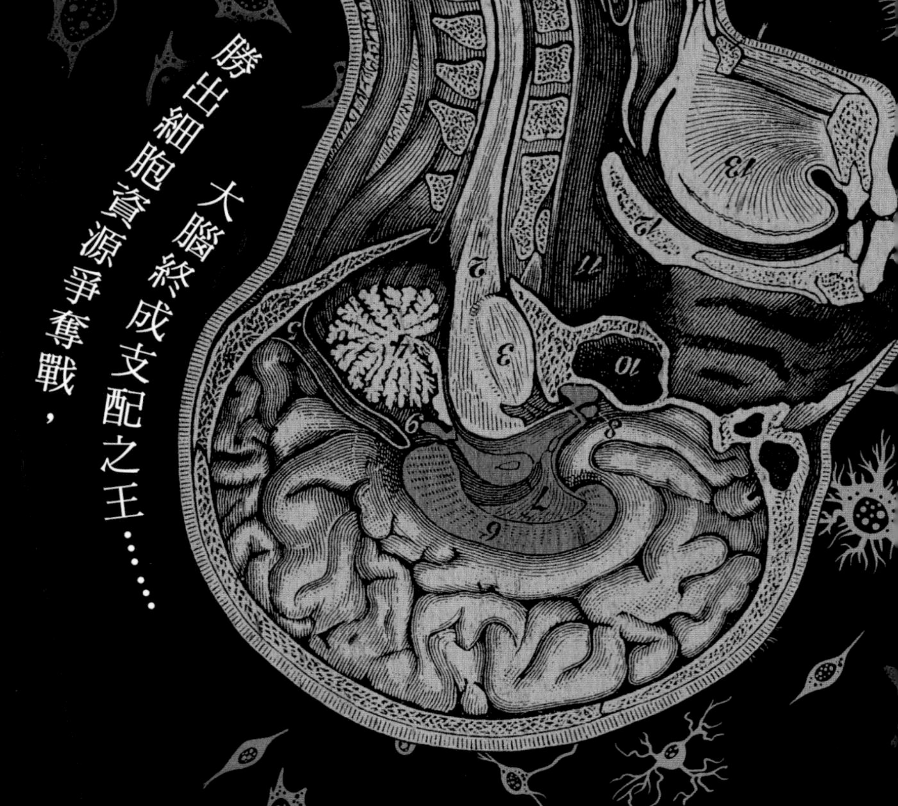

勝出細胞資源爭奪戰，大腦終成支配之王……

大腦簡史

腦科學家
謝伯讓◎著

生物經過四十億年的演化，
大腦是否已經超脫自私基因的掌控？

擬人故事見證演化過程，各界批判思索更多可能！

「謝伯讓的一家之言，猶如穿透渾沌的一道光，讓一些重要的事實與思路現形，認真的大腦解謎者非面對不可。」——**王道還**

【專業推薦】（按姓氏筆畫序）

王道還 生物人類學者	**周偉航**(人渣文本) 輔仁大學 哲學系助理教授	**胡台麗** 中研院 民族學研究所研究員	**洪裕宏** 陽明大學 心智哲學研究所教授	**徐百川** 中研院 生物醫學研究所研究員	**高閬仙** 陽明大學生命科學系 暨基因體研究所教授
黃貞祥 清華大學生命科學系 助理教授	**陳穎青**(老貓) 資深出版人	**曾志朗** 中研院院士	**焦傳金** 清華大學系統神經科學 研究所所長	**劉敬文**(妖西) 英國倫敦國王學院 哲學博士候選人	**顏聖紘** 中山大學 生物系副教授

【特別收錄】◎文頂尖期刊《Nature》最古老化石照片　◎演化生物學、哲學各界領袖精彩評論

武士階層掌握中央及地方實權的
幕府時代長達近七百年

一一九二年，源賴朝從朝廷取得征夷大將軍稱號，武士貴族專權自此始。
日本正式進入了武士階層掌握政權的幕府政治時期。
在這個時期內，以天皇為首的貴族政權的朝廷仍舊在京都存在著，
以將軍為首的武士政權——幕府與朝廷同時並存，將軍名義上由天皇任命，
實際上卻是掌握實權的最高統治者。

在血與火之中不斷被摧毀、熔煉出的時代
是日本歷史上將星輩出、人才濟濟的時代

這是最美好的時代？還是最糟糕的時代。這是智慧的年代？還是愚蠢的年代。
這是信仰的時期？還是懷疑的時期。這是光明的季節？還是黑暗的季節。

風格司

知書房
Knowledge House

F-22
RAPTOR 空中王者
F-22何以成為地球上最強的制空戰鬥機！
軍事連線

致命的武器 Vol.1
German Weapons of WWII
軍事連線

NEW CENTURY NAVY SHIP
新世紀海軍
軍事連線

致命的武器 Vol.2
German Weapons of WWII
軍事連線

美國海軍
反潛技術與反潛直升機
U.S. Navy Anti-submarine Techniques and ASW Helicopters
軍事連線

經典戰役 Vol.1
GERMAN CAMPAIGNS OF WORLD WAR II
軍事連線

豹式戰車
Panzerkampfwagen V Panther
軍事連線

經典戰役 Vol.2
GERMAN CAMPAIGNS OF WORLD WAR II
軍事連線

裝甲擲彈兵
Panzergrenadier
軍事連線

黑鷹直升機
張明德 著
最完整的美軍H-60黑鷹直升機專書
搶先了解國軍新一代通用直升機！
軍事連線

英倫大空戰
Battle of Britain: A Summer of Reckoning
軍事連線

二戰美國海軍陸戰隊
U.S. Marine in World War II
軍事連線

張明德 著
軍事連線
美國海軍
超級航艦
從合眾國號到小鷹級
History of U.S. Navy Super Aircraft Carrier
Form USS United State to Kitty Hawk Class

張明德 著
美國海軍
超級航艦
核動力時代
從企業號、尼米茲級到福特級

知書房

Available on the
App Store

ANDROID APP ON
Google play

知書房
Knowledge House

軍事連線 MOOK

卡曼契先進匿蹤直升機

Advanced Stealth Helicopter RAH-66 Comanche

作　　者：張明德
出　　版：風格司藝術創作坊
發　　行：軍事連線雜誌
地址：106 台北市大安區安居街 118 巷 17 號
Tel：（02）8732-0530　Fax：（02）8732-0531
http://www.clio.com.tw
總 經 銷：紅螞蟻圖書有限公司
Tel：（02）2795-3656 Fax：（02）2795-4100
地址：台北市內湖區舊宗路二段121巷19號
http://www.e-redant.com
出版日期：2017 年 08 月　第一版第一刷
訂　　價：360 元

國家圖書館出版品預行編目（CIP）資料

卡曼契先進匿蹤直升機 / 張明德著. -- 第一版.
-- 臺北市 : 風格司藝術創作坊出版 : 軍事連線
雜誌發行, 2017.08
　面 ;　公分. -- (軍事連線Mook)
ISBN 978-986-95148-6-6(平裝)

1.軍用直昇機　2.偵察機

598.69　　106011410

軍事連線 ©2012 Knowledge House Press.
軍事線上 ©2015 Knowledge House Press.
※本書如有缺頁、製幀錯誤，請寄回更換※

ISBN 978-986-95148-6-6　Printed in Taiwan